"十四五"职业教育规划教材

网页设计实战教程

主　编　吴小燕　段　然
副主编　熊世明　曹　雁　余　峰
主　审　胡昌杰

U0172259

中国铁道出版社有限公司
CHINA RAILWAY PUBLISHING HOUSE CO., LTD.

内 容 简 介

网页设计是高等职业教育计算机专业方向的核心实训课,注重培养学生的网页制作实战能力与综合网页设计能力,同时满足社会对计算机专业人才的需求。本课程的前导课为"平面设计基础""网页制作基础",后续课是"HTML5+CSS3"。本书以案例贯穿整个教学过程,由浅入深、循序渐进,以就业为目标,以软件典型应用为主线,逐步提升学生的综合项目实战能力。

本书共 6 个项目,每个项目中都穿插了若干任务,最后一个项目是一个完整的网站综合项目,以制作"开心便当"网站首页为任务目标。通过本书的学习,读者将全面了解网站开发的原理,掌握使用 Dreamweaver CS6 网页开发工具的方法与技巧,提升网页制作与设计能力,并能独立设计个性化的网站。本书可作为中职、高职以及广大的网页设计爱好者的自学用书。

图书在版编目(CIP)数据

网页设计实战教程 / 吴小燕,段然主编. —北京:
中国铁道出版社有限公司,2021.4 (2024.1重印)
"十四五"职业教育规划教材
ISBN 978-7-113-27752-9

Ⅰ. ①网… Ⅱ. ①吴… ②段… Ⅲ. ①网页制作
工具 – 职业教育 – 教材 Ⅳ. ① TP393.092.2

中国版本图书馆 CIP 数据核字 (2021) 第 031590 号

书　　名:网页设计实战教程
作　　者:吴小燕　段 然

策　　划:王春霞　　　　　　　　　　　　　编辑部电话: (010) 63551006
责任编辑:祁 云　李学敏
封面设计:付 巍
封面制作:刘 颖
责任校对:焦玉荣
责任印制:樊启鹏

出版发行:中国铁道出版社有限公司 (100054,北京市西城区右安门西街 8 号)
网　　址:http://www.tdpress.com/51eds/
印　　刷:三河市宏盛印务有限公司
版　　次:2021 年 4 月第 1 版　2024 年 1 月第 2 次印刷
开　　本:850 mm×1 168 mm　1/16　印张:13　字数:327 千
书　　号:ISBN 978-7-113-27752-9
定　　价:38.90 元

前　言

　　《网页设计项目实战》作为高职院校网页制作基础课程的项目实训专业教材，以丰富趣味的项目案例贯穿整个项目教学，以工作过程为导向展开实训过程，强调以教师为主导、学生为主体，采用教、学、做一体化的教学模式，项目实训内容的设计注重学生实践能力、创新能力的培养，体现高职实训课程特色，符合"1+X"课证融通式的评价体系。

　　该教材使用 Dreamweaver 作为开发工具，Dreamweaver 是当前最流行的快速开发网页的工具之一。它同 Macromedia 公司出品的 Fireworks 和 Flash 一起，被称为网页三剑客，目前有很多版本，Dreamweaver CS6 是 Adobe 时代的最高版本，后来又陆续推出了 Dreamweaver CC 系列版本，本书选用最经典的版本 CS6 作为开发工具；再结合 Web 前端方向专业教师的网站开发经验，为读者精讲网页制作的每个重要环节。通过本书的学习，读者将灵活运用 Dreamweaver CS6 开发工具布局网页框架、设计网页内容，轻松完成网站开发。

　　本书立足于 HTML 原生语言基础，HTML 是一切 Web 开发的基础，本书针对零基础的读者设计，老师手把手教你如何使用 Dreamweaver CS6 开发工具快速开发网页，让你迈入 Web 开发的行列。本书以操作为主的网页设计为重点进行了详细讲解，为后期的动态网页设计制作奠定良好的基础。

　　本书由吴小燕、段然任主编，熊世明、曹雁、余峰任副主编，胡昌杰主审，胡昌杰为本书项目内容给出了不少好的建议与修改方案。吴小平、蒋梦甜、詹悦、王榜琳，参与了部分校对修改工作。同时，编者还查阅、参考了一些文献资料和网上资源，在此向所有为本书做出贡献的作者与同行致以诚挚的谢意！

　　由于时间限制、编者水平有限，书中难免存在不妥和疏漏之处，敬请读者批评指正。

　　教学改革无止境，示范精品教材是我们永恒的追求，我们后期将不断优化教材、全力以赴、与时俱进，更好地服务于高等职业教育教学体系建设。

编　者

2020 年 11 月

目　录

项目 1
初识 Dreamweaver

知识目标

1. 了解网站、网页的相关概念。

2. 了解网页设计种类。

3. 了解 HTML 常用标记及其属性。

4. 熟悉 Dreamweaver CS6 的工作界面。

技能目标

1. 能够使用 HTML 制作简单网页。

2. 能够安装并运行 Dreamweaver CS6。

3. 能够使用 Dreamweaver CS6 创建简单网页。

了解网站、网页设计的概念，网页设计的语言 HTML 以及网页开发工具 Dreamweaver，通过本项目的学习，将对这些知识、技能进行初步认识。

任务 1 初识网页设计

 任务描述

WWW（World Wide Web）是一种基于超文本（Hypertext）方式的信息检索服务工具，网页设计语言 HTML 是 WWW 的母语，能被所有计算机理解，是发布信息的载体，本任务将学习网页设计的基础知识以及 Dreamweaver CS6 开发工具。

📖 知识链接

下面对任务 1 涉及的知识点进行分块解析。

1. Dreamweaver 概述

Dreamweaver 是当前流行的快速开发网页的工具（简称 Dw）。它同 Macromedia 公司出品的 Fireworks 和 Flash 一起，被称为网页三剑客，目前有很多版本，Dreamweaver CS6 是 Adobe 时代的最高版本，后来又陆续出现了 Dreamweaver CC 系列版本，无论什么版本，功能基本是一致的，本书选用最经典的版本 Dreamweaver CS6。

2. 网站的分类

（1）按其用途分类

① 个人网站。个人网站是以个人名义开发创建的具有较强个性化的网站，一般是个人为了兴趣爱好或展示个人等目的而创建的，具有较强的个性化特色，带有很明显的个人色彩，无论从内容、风格、样式上都形色各异等，如图 1-1-1 所示。

图 1-1-1　个人网站

② 企业类网站。所谓企业网站，就是企业在互联网上进行网络建设和形象宣传的平台。企业网站相当于一个企业的网络名片，如图 1-1-2 所示。

图 1-1-2　企业网站

③ 机构类网站。机构网站通常指机关、非营利性机构或相关社团组织建立的网站，网站的内容多以机构或社团的形象宣传和服务为主，如图 1-1-3 所示。

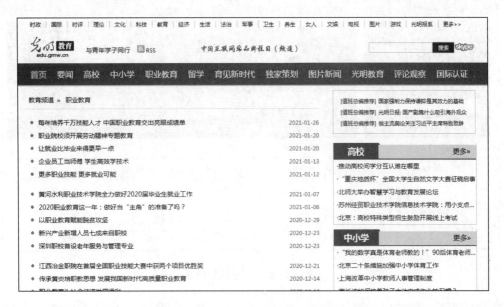

图 1-1-3　机构网站

④ 娱乐休闲类网站。随着互联网的飞速发展，不仅涌现出了很多个人网站和商业网站，同时也产生了很多的娱乐休闲类网站、如电影网站、游戏网站、交友网站、社区论坛、手机短信网站等。这些网站为广大网民提供了娱乐休闲的场所，如图 1-1-4 所示。

图 1-1-4　娱乐休闲网站

⑤ 行业信息类网站。随着互联网的发展、网民人数的增多及网上不同兴趣群体的形成，门户网站已经明显不能满足不同群体的需要。一批能够满足某一特定领域上网人群及其特定需要的网站应运而生，如图 1-1-5 所示。

图 1-1-5　行业信息网站

⑥购物类网站。购物类网站是分类展示商品,吸引顾客购买的网站,国内主要有淘宝、京东、苏宁、国美、当当等购物网站,如图 1-1-6 所示。

图 1-1-6　购物网站

⑦门户类网站。门户类网站将无数信息整合、分类,为上网者打开方便之门,绝大多数网民通过门户类网站寻找自己感兴趣的信息资源。门户类网站涉及的领域非常广,是一种综合性网站,如搜狐、网易、新浪等,如图 1-1-7 所示。

图 1-1-7　门户网站

（2）按结构分类

① 层状结构，网页的层状结构类似目录的树形结构，如图 1-1-8 所示。

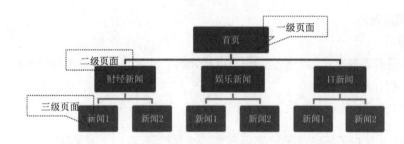

图 1-1-8　层状结构

② 线性结构，用于组织以线性顺序形式存在的信息，可以引导浏览者按部就班地浏览整个网站文件，如图 1-1-9 所示。

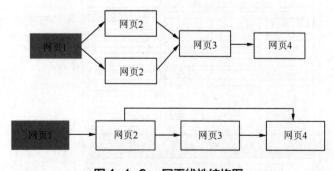

图 1-1-9　网页线性结构图

③ Web 结构，各网页之间形成网状连接，允许用户随意浏览，目前大部分网站都采用这种结构设计网页，如图 1-1-10 所示。

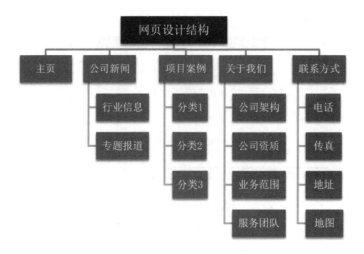

图 1-1-10　Web 结构图

3. 网页布局与配色

（1）网页布局

网页布局有很多表现方式，一般包括以下几个部分：头部区域、菜单导航区域、内容区域、底部区域，如图 1-1-11 所示。

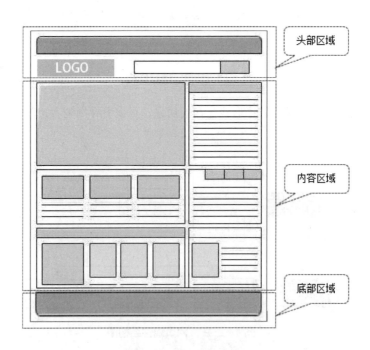

图 1-1-11　网页布局

（2）认识色彩

色彩在网站的运用十分广泛，要想做出相应需求的视觉效果，必须先了解色彩的专用名词及其含义，如表 1-1-1 所示。

表 1-1-1　色彩名词及其含义

名　　称	含　　义
三原色	色彩中不能再分解的三种基本颜色，我们通常说的三原色，即红、黄、蓝
色相	色彩的名称，色彩所呈现出来的质地面貌
明度	又称亮度，是眼睛对光源和物体表面的明暗程度的感觉，主要是由光线强弱决定的一种视觉经验
纯度	色彩的鲜艳程度
暖色	让人看了有温暖感的颜色，如红、橙
冷色	以蓝色为主导的一些色彩
互补色	在色轮中，相隔 180° 的颜色为互补色，如红与绿互补，黄与紫互补，蓝色与橙色互补

（3）色彩的作用

每种颜色都代表不同的含义，具体内容如表 1-1-2 所示。

表 1-1-2　色彩所代表的含义

色　调	代 表 含 义	色　调	代 表 含 义
白	明快 纯真 神圣 朴素 清楚	黄	光明 希望 宝贵 朝气 愉快
黑	寂静 悲哀 绝望 沉默 坚实	绿	健康 安静 成长 清新 和平
红	热烈 活力 危险 愤怒 喜悦	蓝	平静 科学 理智 深远 速度
橙	温暖 快活 积极 跃动 喜悦	紫	优美 神秘 不安 永远 高贵

常用的色轮图，如图 1-1-12 所示。

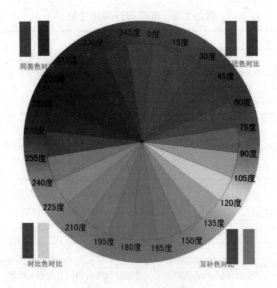

图 1-1-12　色轮图

任务实施

网页设计是根据企业需要传递的信息（包括产品、服务、理念、文化），进行网站功能策划，然后进行的页面设计美化工作。作为企业对外宣传物料的一种，精美的网页设计，对于提升企业的互联网品牌形象至关重要。

1. 网页设计的目标及分类

网页设计的工作目标，是通过使用更合理的颜色、字体、图片、样式进行页面设计美化，在功能限定的情况下，尽可能给予用户完美的视觉体验。高级的网页设计甚至会考虑通过声光、交互等来达到更好的视听感受。

网页设计分类如图 1-1-13 所示，根据设计网页的目的不同，应选择不同的网页策划与设计方案。

图 1-1-13　网页设计分类

2. 网页设计常用工具

网页设计主要以 Adobe 产品为主，常见的工具包括 Fireworks、Photoshop、Flash、Dreamweaver、CorelDRAW、Illustrator 等，如表 1-1-3 所示，其中 Dw 是代码工具，其他是图形图像和动画工具，还有 Adobe 新出的 EdgeReflow、EdgeCode、Muse 等。

表 1-1-3　网页设计常用工具

软件图标	主 要 说 明
Fw	Fw：Fireworks 是一种计算机制图工具，可以在直观、可定制的环境中创建和优化，用于网页的图像设计并进行精确控制
Ps	Ps：Photoshop 是 Adobe 公司最受欢迎的强大图形处理软件之一，网页设计里经常用它来进行修图和图片的切片
Fl	Fl：用于 Flash 动画编辑，功能强大，主要是制作网页中出现的动画、小视频等
Dw	Dw：Dreamweaver 是集网页制作和管理网站于一身的所见即所得网页代码编辑器

续表

软件图标	主　要　说　明
	CDR：CorelDRAW 是一个绘图与排版的软件，它广泛地应用于商标设计、标志制作、模型绘制、插图描画、排版及分色输出等诸多领域
	Ai：Illustrator 是一种应用于出版、多媒体和在线图像的工业标准矢量插画的软件，是一款矢量图形处理工具

3. Dreamweaver CS6 简介

Dreamweaver CS6 是由 Adobe 公司开发的网页设计工具，是一款业界领先的专业 HTML 编辑器，通过该工具能够使用户高效地设计、开发和维护基于标准的网站和应用程序，网页开发人员能够完成从创建和维护基本网站、支持最佳实践和最新技术，以及高级应用程序开发的全过程。利用 Dreamweaver 中的可视化编辑功能，用户可以快速创建页面和页面元素，无须编写任何代码。

（1）Dreamweaver CS6 的特点

① 集成的工作区，更加直观，使用更加方便。

② 支持多种服务器端开发语言。

③ 提供了强大的编码功能。

④ 具有良好的可扩展性，可以安装 Adobe 公司或第三方推出的插件。

⑤ 提供了更加全面的 CSS 渲染和设计支持，用户可以构建符合最新 CSS 标准的站点。

⑥ 可以更好地与 Adobe 公司的其他设计软件集成，如 Flash CS6、Photoshop CS6 和 Fireworks CS6 等，以方便对网页动画和图像的操作。

（2）Dreamweaver CS6 的新增功能

① 改善 FTP 性能，更高效地传输大型文件。

② 流体网格布局。

③ Adobe Business Catalyst 集成。

④ 增强型 jQuery Mobile 支持。

⑤ 更新的 PhoneGap 支持。

⑥ CSS3 转换。

⑦ 更新的实时视图。

⑧ 更新的多屏幕预览面板。

视频·

开发环境
简介

【小试牛刀】：运行 Dreamweaver CS6。

STEP 1：双击计算机桌面的 ▦ 图标，启动 Dreamweaver CS6。

STEP 2：Dreamweaver CS6 在首次启动时，会出现如图 1-1-14 所示的"默认编辑器"窗口。操作者可根据需要设定默认的编辑器。完成后，单击"确定"按钮。

图 1-1-14　"默认编辑器"窗口

STEP 3：Dreamweaver CS6 的初始界面如图 1-1-15 所示。初始界面主要分三个区：第一区为"打开最近的项目"，此处是最近打开的项目，可以双击直接打开，方便快捷；第二区为"新建"区，主要包括新建网页文件、新建样式表、新建站点等；第三区为"主要功能"，主要包括 CS6 的新增功能、流体网格布局、动画制作等。

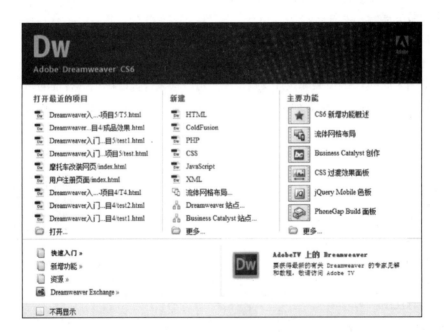

图 1-1-15　Dreamweaver CS6 初始界面

STEP 4：单击"窗口"→"工作区布局"→"经典"命令，如图 1-1-16 所示。

图 1-1-16 设置经典模式

Dreamweaver CS6 的开发环境可以设置成不同的环境，根据开发者的身份决定环境的要求，例如，"编码人员（高级）"模式比较适合高级技术人员，"设计人员（紧凑）"模式比较适合前端设计人员，通常情况下会设置成"经典"模式。

任务 2 初识网页制作

(任)(务)(描)(述)

在 Dreamweaver CS6 开发环境中创建网页、创建站点，以及管理站点。

(知)(识)(链)(接)

下面对任务 2 中涉及的知识点进行分块解析。

1. Dreamweaver CS6 的工作界面

Dreamweaver CS6 的工作界面主要由菜单栏、"插入"面板、文档工具栏、文档窗口、状态栏、"属性"面板、功能面板等组成，如图 1-2-1 所示。

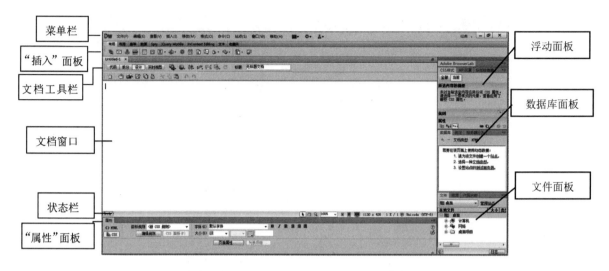

图 1-2-1　Dreamweaver CS6 工作界面

（1）菜单栏

几乎 Adobe Dreamweaver CS6 的所有命令都可以在菜单栏中的下拉菜单中找到，如图 1-2-2 所示。

图 1-2-2　菜单栏

（2）"插入"面板

"插入"面板是 Adobe Dreamweaver CS6 的核心面板，网页中的所有元素都可以在上面调用，无须写代码，适合初学者，它包括"常用"工具栏、"布局"工具栏、"表单"工具栏等，如图 1-2-3 所示。

图 1-2-3　"插入"面板

"插入"面板包括了网页中的全部元素，如表 1-2-3 所示，可直接拖至网页编辑窗口中的设计视图中。"插入"面板包含用于创建和插入对象（如表格、图像和链接）的按钮。这些按钮按几个类别进行组织，可以通过工具栏进行切换。当前文档包含服务器代码时（如 ASP 或 CFML 文档），还会显示其他类别，"插入"面板的详细介绍如表 1-2-1 所示。

①图像标签。图像标签（img 标签）主要用于导入不同格式图像素材，如图 1-2-4 所示。

表 1-2-1 **"插入"面板**

工具栏	说　明
常用	用于创建和插入最常用的对象，如图像和表格
布局	用于插入表格、表格元素、div 标签、框架和 Spry Widget，还可以选择表格的两种视图：标准（默认）表格和扩展表格
表单	包含一些按钮，用于创建表单和插入表单元素（包括 Spry 验证 Widget）
数据	可以插入 Spry 数据对象和其他动态元素，如记录集、重复区域，以及插入记录表单和更新记录表单
Spry	包含一些用于构建 Spry 页面的按钮，包括 Spry 数据对象和 Widget
InContext Editing	包含供生成 InContext 编辑页面的按钮，包括用于可编辑区域、重复区域和管理 CSS 类的按钮
jQuery Mobile	创建移动 Web 应用程序的框架，用来制作手机端网页
文本	用于插入各种文本格式和列表格式的标签，如 b、em、p、h1 和 ul
收藏夹	用于将插入栏中最常用的按钮分组和组织到某一公共位置

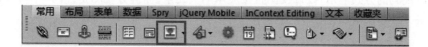

图 1-2-4 **图像标签**

② 插入 Div 标签。Div 标签元素（见图 1-2-5）在文档内定义了一个区域，元素包括文本、表格、表单、图像、插件等各种页面内容，甚至在元素内还可以嵌套此元素。如果要使 <div> 标签显示特定的效果，或者在某个位置上显示 HTML 内容，就要为 <div> 标签定义 CSS 样式。

图 1-2-5 **插入** Div **标签**

③ 绘制 AP Div 标签。AP Div 标签实际上是附加了定位的 CSS 样式的 Div，如图 1-2-6 所示。两个在本质上是一样的，为了方便初学者更好地调整 Div 的大小和位置，Dreamweaver CS6 可以直接拖动 Div 来改变 Div 的大小和位置，它可以直接悬浮在其他元素之上而并不占用页面的空间。

图 1-2-6 AP Div **标签**

（3）文档工具栏

文档工具栏中有四个视图方式，分别为代码视图、拆分视图、设计视图、实时视图，对于初学者，一般使用设计视图，直接对网页元素操作，空白处为网页编辑窗口，如图 1-2-7 所示，主要的网页元素都在其中展示。

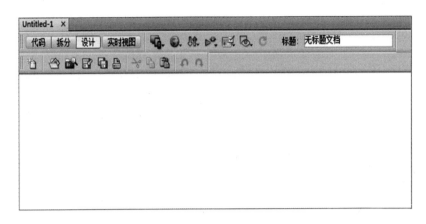

图 1-2-7　设计视图

代码视图以代码的方式展示，设计视图直接展示网页元素，而拆分视图是代码与网页元素同时展示，如图 1-2-8 所示。

图 1-2-8　拆分视图

（4）状态栏

开发环境中的"状态栏"左边主要是显示当前网页元素的标签信息（此处信息只会在"设计视图"中出现），右边主要是对设计视图中的网页元素进行缩放处理等，如图 1-2-9 所示。

图 1-2-9　状态栏

（5）"属性"面板

"属性"面板主要是对当前选中的网页元素进行参数设置、样式设置等，如图 1-2-10 所示，"属性"面板是对当前选中的网页的元素进行参数设定与样式编辑等。

图 1-2-10　"属性"面板

Dreamweaver "属性"面板可以快速更改 HTML、CSS 属性，从而实现页面修改效果，所见即所得。

　　小提示：当鼠标停在网页中时，在"属性"面板中会有一个"页面属性"按钮，单击此按钮会弹出一个"页面属性"对话框，如图 1-2-11 所示，对话框中的选项中可以对页面的整体样式进行设计。

图 1-2-11　"页面属性"对话框

（6）功能面板

Dreamweaver CS6 的功能面板主要包括了浮动面板、"数据库"面板、"文件"面板，双击任一个功能选择卡标题可展开、折叠面板。

①　开发界面的浮动面板包括了"CSS 样式"面板、"AP 元素"面板、"标签检查器"面板，如图 1-2-12 所示。

②　开发界面的"数据库"面板主要是用于数据库导入、数据库绑定、服务器管理等操作，如图 1-2-13 所示。

③　开发界面的"文件"面板主要是用于本地文件管理、站点管理等操作，如图 1-2-14 所示，详细的操作要贯穿到具体的应用场景中。

 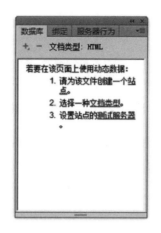 

图 1-2-12 "CSS 样式"面板　　**图 1-2-13 "数据库"面板**　　**图 1-2-14 "文件"面板**

⏻ **小提示:** 如果开发环境中的面板不小心丢失或移动了位置，可以单击"窗口"菜单，在"工作区布局"下拉菜单中选择"经典"命令，即可马上恢复最初的开发环境。也可以单击菜单或快捷键等方式布局开发界面，如表 1-2-2 所示。

表 1-2-2　开发界面布局方法

Dreamweaver CS6 开发界面布局方法	
常用面板	"插入"面板、"属性"面板、"CSS 样式"面板、"文件"面板
调用方法	单击"窗口"菜单，分别将这些面板打上√，这些面板就会在界面中自动显示
快捷键	插入面板（【Ctrl+F2】）、"属性"面板（【Ctrl+F3】）、"CSS 样式"面板（【Shift+F11】）、"文件"面板（【F8】）

2. HTML 标记语言

HTML 是 Hyper Text Mark-up Language 的首字母简写，意思是超文本标记语言。超文本指的是超链接，标记指的是标签，是一种用来制作网页的语言，这种语言由一个个的标签组成，用这种语言制作的文件保存的是一个文本文件，文件的扩展名为 html 或者 htm，一个 html 文件就是一个网页，html文件用编辑器打开显示的是文本，可以用文本的方式编辑它，如果用浏览器打开，浏览器会按照标签描述内容将文件渲染成网页，显示的网页可以从一个网页链接跳转到另外一个网页。

（1）HTML 的特点

HTML 元素是构建网站的基石。HTML 允许嵌入图像与对象，并且可以用于创建交互式表单，它被用来结构化信息，例如，标题、段落和列表等，也可用来在一定程度上描述文档的外观和语义。

（2）HTML 的结构

超文本标记语言的结构包括"头"部分（Head）和"主体"部分（Body），其中"头"部分提供关于网页的信息，"主体"部分提供网页的具体内容，如图 1-2-15 所示。

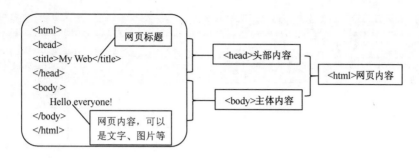

图 1-2-15 HTML 结构

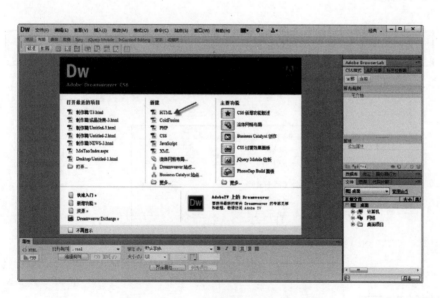

网页制作的首要环节就是创建网页、创建站点并学会如何管理站点。

1. 创建网页

STEP 1：打开 Dreamweaver CS6 开发工具，单击 HTML 链接，如图 1-2-16 所示，创建新网页，进入到网页设计文档页面，单击"保存"按钮（或者使用快捷键【Ctrl+S】），保存为 T3. html 网页文件，如图 1-2-17 所示。

提示：第一次保存会弹出保存对话框，要求命名文件，之后更新的内容再保存时不会再弹出对话框（养成即时保存的好习惯）。

图 1-2-16 首界面单击 HTML 命令

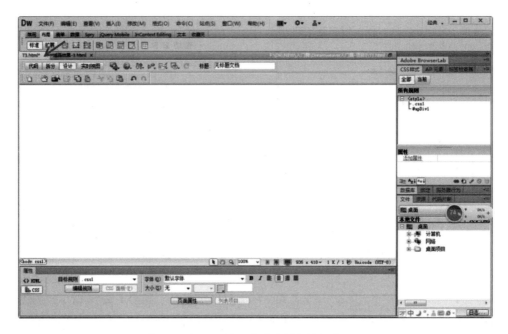

图1-2-17　工作区右击文档标题保存页面

STEP 2：使用快捷键【Ctrl+F2】调出"插入"面板（见图1-2-18），或者单击"窗口"→"插入"命令，如图1-2-19所示。

图1-2-18　"插入"面板"布局"工具栏

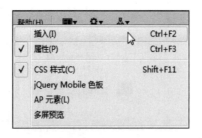

图1-2-19　"插入"命令

2. 站点的创建与管理

Dreamweaver CS6的站点，是指一个文件夹，这个文件夹预设用来存放网站的所有文件，一般该站点（文件夹）包含img（图片文件夹）、SpryAssets（CSS样式文件夹）和网页文件。

【小试牛刀】：网站的创建及管理。

STEP 1：单击菜单中"站点"→"新建站点"命令，如图 1-2-20 所示。

图 1-2-20　"新建站点"命令

STEP 2：弹出对话框"站点设置对象：站点名称"对话框，按照当前站点类型设置一个有意义的站点名称，如 MYWEB_1，"本地站点文件夹"用来选择本地预设站点的存放地址，如图 1-2-21 所示，最后单击"保存"按钮即可。

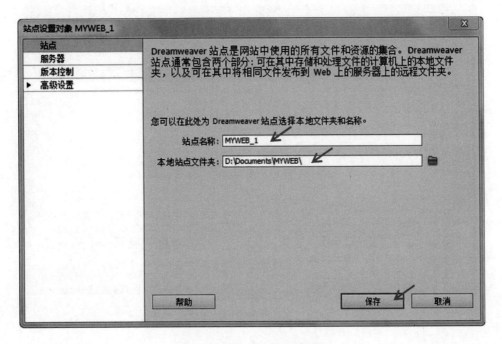

图 1-2-21　命名站点名称

STEP 3: 管理站点。单击菜单中的"站点"→"管理站点"命令，如图 1-2-22 所示，或者单击"文件"面板中的下拉列表框，单击"管理站点"命令，如图 1-2-23 所示。

图 1-2-22 "管理站点"命令　　　　　　图 1-2-23 "文件"面板

STEP 4: 删除站点。单击"管理站点"命令后，将出现"管理站点"对话框，选中要删除的站点 MYWEB1，最后单击"删除站点"按钮即可，如图 1-2-24 所示。

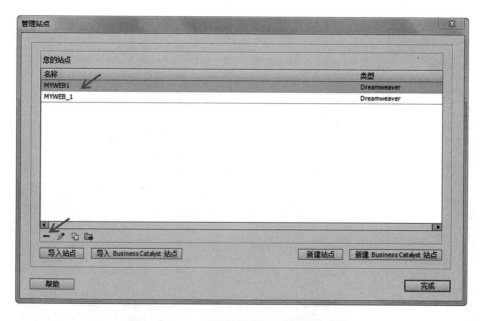

图 1-2-24 选择要删除的站点名称并删除

STEP 5：编辑站点。单击"管理站点"命令后，在"管理站点"对话框中，选中要修改的站点 MYWEB_1，接着单击"编辑站点"按钮，如图 1-2-25 所示，最后在弹出的站点设置对象对话框中修改站点的相关内容即可（见图 1-2-21）。

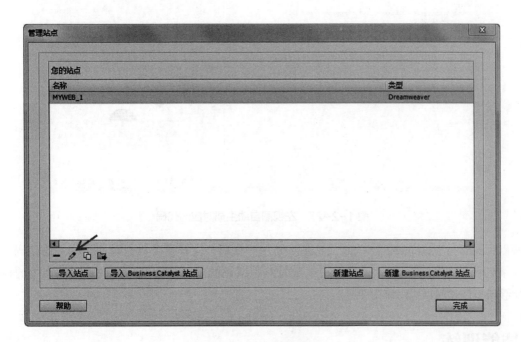

图 1-2-25 编辑站点

【小试牛刀】：观察 Dreamweaver CS6 自动产生网页代码。

Dreamweaver CS6 是一个制作网页的软件工具，网页是由 HTML 代码组成，那么在使用 Dreamweaver CS6 制作网页时候，Dreamweaver CS6 是如何自动生成相对应的代码呢？

STEP 1：单击"插入"面板的"常用"工具栏，在"常用"工具栏中单击"图像"按钮，如图 1-2-26 所示，在打开的对话框中导入图片素材 pdx.jpg，单击"确定"按钮后，即可在设计视图中出现一张图片，如图 1-2-27 所示。

视频

观察Dw自动产生网页代码

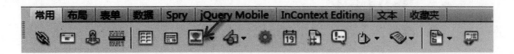

图 1-2-26 "图像"按钮

STEP 2：切换到拆分视图，在左视图区可以发现，右视图添加网页元素时，在左视图中自动添加相应的网页代码，它们是并行自动产生的。

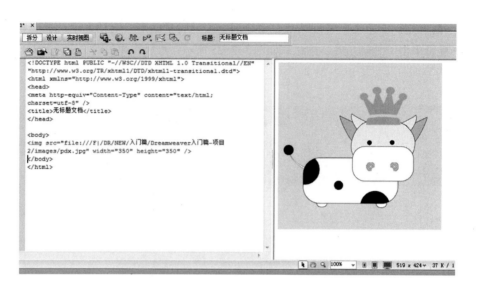

图1-2-27　左视图自动生成对应的代码

　　所以说 Adobe Dreamweaver CS6 工具基本不用写代码，由开发工具自动产生相关的代码，克服了初学者写代码的困难，读者只需要在本项目熟悉网页的基本结构及观察网页自动产生的标签含义，能够初步理解网页代码作用即可。

▌ 技能训练

　　在设计视图中插入图片素材pig. jpg，并在"属性"面板中将图片宽度设置为300 px，如图1-3-1所示。

图1-3-1　图片素材

关键操作步骤提示：

① 切换到"插入"面板中的"常用"工具栏，单击"图像"按钮，导入图片素材 pig.jpg，单击"确定"按钮后导入到新建的网页中。

② 切换到下面的"属性"面板，在"属性"面板中修改图片的宽度为 300 px 即可。

⏻ **提示：**也可以使用快捷键【Ctrl+Alt+I】导入图片。

<h1 style="text-align:center">习　题</h1>

1. 填空题

（1）Adobe Dreamweaver CS6 默认有四个视图，分别是代码视图、_____视图、_____视图和实时视图。

（2）导入图片的功能按钮在"插入"面板中的_____工具栏。

2. 选择题

（1）Adobe Dreamweaver CS6 的"插入"面板中包括（　　）个工具栏。

    A. 8　　　　　　　B. 9　　　　　　　C. 10　　　　　　　D. 7

（2）网页中存入网页主体内容的标签是（　　）。

    A. head　　　　　B. html　　　　　C. body　　　　　D. title

3. 问答题

（1）HTML 中有哪几对基本标签？分别是什么？

（2）谈谈通过本项目的学习，你有哪些收获。

项目 2
制作"儿童乐园"资讯栏目

学习目标

1. 掌握创建、保存网页的基本方法。

2. Div、AP Div 容器的使用方法等。

3. 网页中导入图片的方法。

4. 网页中特殊效果的使用，如圆角效果、阴影效果、旋转效果等。

技能目标

1. 使用快捷键创建网页、保存网页，并能灵活地使用工具栏中的快捷按钮。

2. 掌握 Div、AP Div 容器中导入网页元素的使用方法。

3. 熟悉手写代码实现圆角效果、阴影效果、旋转效果等。

如何用 Dreamweaver CS6 来制作出我们想要的网页？通过本项目的学习，将了解网页制作的基本技术与方法，掌握在 Dreamweaver CS6 中新建、管理、导入等方法，网页文本、网页图片的插入与编辑等技能。

任务 1 在"儿童乐园"网页中导入图片元素

任务描述

为了给孩子营造一个梦幻童年，让他们享受无尽的乐趣，为美好的童年留下珍贵、美好的回忆。本项目以图文方式设计一个以"儿童乐园"为主题的网页，提供儿童相关资讯、儿童 DIY、亲子活动等丰富多彩的儿童栏目。

本次任务的内容是创建"儿童乐园"主题网页的展示空间，在网页中导入 Div 容器进行布局，并向 Div 容器中导入图片元素，如图 2-1-1 所示。

图 2-1-1 Div 容器中导入图片元素

知识链接

下面对任务 1 中涉及的知识点进行分块解析。

1. 常用快捷键（见表 2-1-1）

表 2-1-1 常用快捷键

功能	快捷键	功能	快捷键
保存	Ctrl+S	剪切	Ctrl+X
另存为	Ctrl+Shift+S	查找和替换	Ctrl+F
检查链接	Shift + F8	查找下一个	F3
退出	Ctrl+Q	替换	Ctrl+H
切换到下一个设计页面	Ctrl+Tab	粘贴	Ctrl+V
全选	Ctrl+A	重复	Ctrl+Y
复制	Ctrl+C	撤销	Ctrl+Z

2. 开发环境布局（见表 2-1-2）

表 2-1-2 Dreamweaver CS6 开发界面介绍

常用面板	插入面板、属性面板、CSS 样式面板、文件面板
调用方法	单击窗口下拉菜单，分别将这些面板打上√，这些面板就会在界面中自动显示
快捷键调用	插入面板（Ctrl+F2）、属性面板（Ctrl+F3）、CSS 样式面板（Shift+F11）、文件面板（F8）

3. "属性"面板

Dreamweaver "属性"面板可以快速更改 HTML、CSS 属性，从而实现页面修改效果所见即所得（见图 2-1-2）。

图 2-1-2　Dreamweaver "属性" 面板

4. "插入" 面板

Dreamweaver "插入" 面板包含用于创建和插入对象（如表格、图像和链接）的按钮。这些按钮按几个类别进行组织，用户可以从 "类别" 弹出菜单中选择所需类别来进行切换。当前文档包含服务器代码时（如 ASP 或 CFML 文档），还会显示其他类别（见表 2-1-3）。

表 2-1-3　"插入" 面板

类别	说明
常用类别	用于创建和插入最常用的对象，如图像和表格
布局类别	用于插入表格、表格元素、div 标签、框架和 Spry Widget。用户还可以选择表格的两种视图：标准（默认）表格和扩展表格
表单类别	包含一些按钮，用于创建表单和插入表单元素（包括 Spry 验证 Widget）
数据类别	使用用户可以插入 Spry 数据对象和其他动态元素，如记录集、重复区域以及插入记录表单和更新记录表单
jQuery Mobile	创建移动 Web 应用程序的框架，用来制作手机端网页
Spry 类别	包含一些用于构建 Spry 页面的按钮，包括 Spry 数据对象和 Widget
文本类别	用于插入各种文本格式和列表格式的标签，如 b、em、p、h1 和 ul
收藏夹类别	用于将 "插入" 面板中最常用的按钮分组和组织到某一公共位置

5. 初始 HTML 选择器

HTML 选择器分为标签选择器、类选择器、ID 选择器，如表 2-1-4 所示。

表 2-1-4　HTML 选择器

名　称	解　析
标签选择器	在网页中呈现的每一个元素，如图片、文字、Div 容器等，都有特定的标签来标识它，这些用来分类的标签在 HTML 中称为标签选择器，可以是 p、h1、dl、div、img、font、strong 等 HTML 标签，在 CSS 中直接书写标签名即可
类选择器	在 HTML CSS 中，如果要为某几个标签设置相同的样式，会为它们取一个一模一样的名字，这个特定的名字，在 HTML 中称为类选择器，例如，<div class="list">，在 CSS 样式表中调用的时候，就用 . list，这里的 ". list" 就是类选择器，在 CSS 中以 "." 开头
ID 选择器	通常要为某一个特定的标签添加不同的样式时，会为这个标签取一个独一无二的名字，这个特定的名字称为 ID 选择器，同一个 HTML 中 ID 不允许重复，例如，<div id="box">，在 CSS 样式表中调用的时候，就用 #box，这里的 "#box" 就是 ID 选择器，在 CSS 中以 "#" 开头

优先级：ID 选择器 > 类选择器 > 标签选择器

6. 图像标签

图像标签（img 标签）按钮主要用于导入不同格式图像素材，如图 2-1-3 所示。

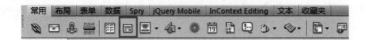

图 2-1-3　图像标签（img 标签）

【小试牛刀】：在网页中导入图片，将图片调整为锐化效果（见图 2-1-4）。

图 2-1-4　锐化效果图片

> 视频·
>
> 制作图片锐
> 化效果

STEP 1：单击"插入"面板中"常用"工具栏中的"图像"按钮（见图 2-1-3），在弹出的"选择图像源文件"对话框中选择要导入的图片素材 pic. png，如图 2-1-5 所示。

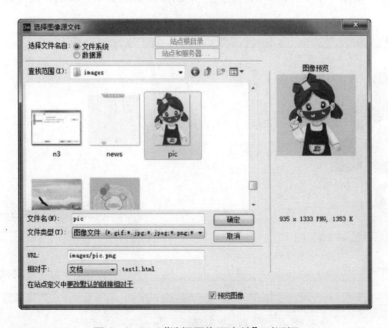

图 2-1-5　"选择图像源文件"对话框

STEP 2：导入图片后，单击选中网页中的小女孩图片，在下面的"属性"面板设置宽为 300 px（记得将等比例缩放的锁关上，这样高度自动等比缩放），如图 2-1-6 所示。

图 2-1-6 修改属性

STEP 3：单击"锐化"按钮，将弹出"锐化"对话框，如图 2-1-7 所示，调整锐化值为 9。

图 2-1-7 修改锐化值

7. Div 标签

Div 标签元素（见图 2-1-8）在文档内定义了一个区域，元素包括文本、表格、表单、图像、插件等各种页面内容，甚至在元素内还可以嵌套此元素。如果要使 <div> 标签显示特定的效果，或者在某个位置上显示 HTML 内容，就要为 <div> 标签定义 CSS 样式。

图 2-1-8　Div 标签元素

8. 创建模板网页

对于初学者，有时不知道如何布局网页时，可以套用 Dreamweaver cs6 开发工具中提供的模板网页，只需替换模板中的内容即可。

【小试牛刀】：创建基于模板的网页文档（见图 2-1-9）。

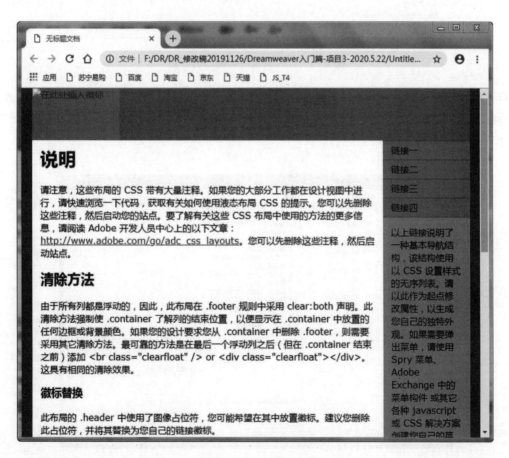

图 2-1-9　网页文档

STEP 1：打开 Dreamweaver CS6 开发工具，进入开发环境窗口首界面，单击首界面中的"更多"链接，如图 2-1-10 所示，将弹出"新建文档"对话框。

图 2-1-10　开发环境窗口首界面

STEP 2：在弹出"新建文档"对话框中，单击"空白页"→"HTML 模板"→"2 列固定，左侧栏、标题和脚注"选项，最后单击"创建"按钮，如图 2-1-11 所示，即可生成一个网页模板文档，如图 2-1-12 所示，按快捷键【Ctrl+S】保存后运行效果。

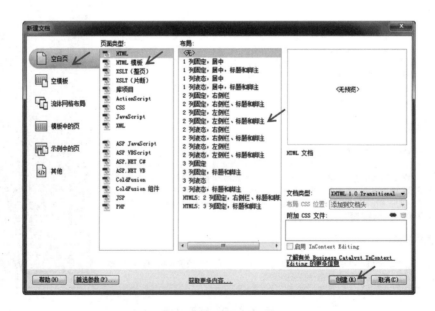

图 2-1-11　"新建文档"对话框

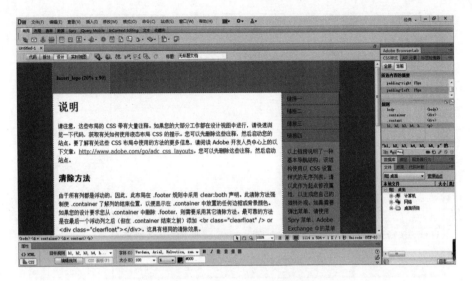

图 2-1-12　网页模板文档

任务实施

STEP 1：打开 Dreamweaver CS6 开发工具，单击 HTML 链接，如图 2-1-13 所示，创建新网页，进入网页设计文档页面，单击"保存"按钮，保存为 T3. html 网页文件，如图 2-1-14 所示。

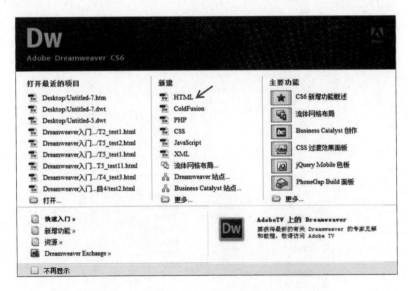

图 2-1-13　Dreamweaver CS6 开发工具

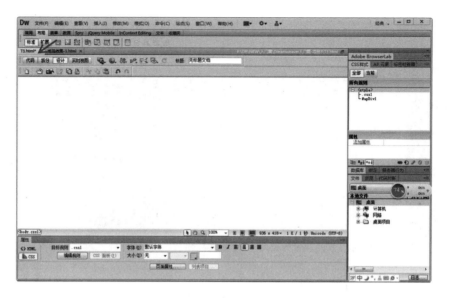

图 2-1-14 网页设计文档页面

注意：如果开发环境中的"常用"面板不小心弄丢了，可以单击"窗口"→"工作区布局"→"经典"命令，如图 2-1-15 所示，即可复位工作界面。

图 2-1-15 复位工作区

STEP 2: 单击"文档"面板中的"标题"文本框,输入标题"儿童乐园资讯栏目",为网页添加标题,如图 2-1-16 所示。

图 2-1-16 标题文本框中输入标题

STEP 3: 光标定位在设计视图,切换到下面的"属性"面板,单击"编辑规则"按钮,如图 2-1-17 所示,将弹出"新建 CSS 规则"对话框,在"选择器名称"文本框中输入类选择器名称 .bg(为了创建新样式,为网页添加背景颜色),如图 2-1-18 所示,然后单击"确定"按钮,即弹出".bg 的 CSS 规则定义"对话框,切换到"背景"选项,在第一个文本框中设置背景颜色为 #ffcccc,如图 2-1-19 所示,保存后运行效果如图 2-1-20 所示。

图 2-1-17 "属性"面板

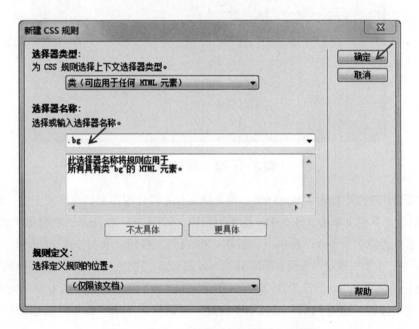

图 2-1-18 "新建 CSS 规则"对话框

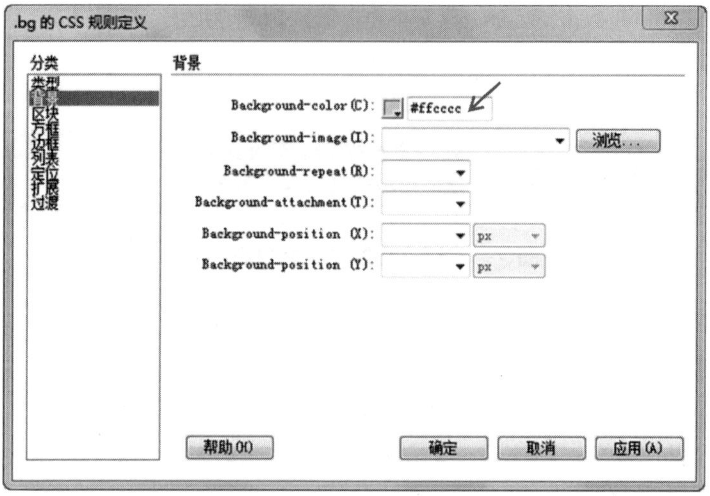

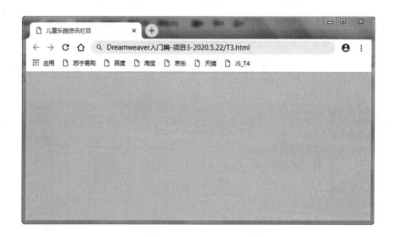

图 2-1-19　"背景"选项

图 2-1-20　运行效果图

STEP 4：在设计视图中插入 <div> 标签。将光标定位在设计视图文档页面左上角，然后在"插入"面板中的"布局"工具栏上单击"插入 Div 标签"按钮，如图 2-1-21 所示，将弹出"插入 Div 标签"对话框，为类选择器取名为 box，再单击"新建 CSS 规则"按钮，如图 2-1-22 所示，将弹出"新建 CSS 规则"对话框，单击"确定"按钮，即弹出".box 的 CSS 规则定义"对话框，切换到"方框"选项，将宽设为 1 298 px，将 Padding 值设为 0，Margin 值为 auto（为了让 Div 盒子居中），如图 2-1-23 所示，最后单击"确定"按钮，则返回到"插入 Div 标签"对话框，单击"确定"按钮即可，主体效果如图 2-1-24 所示。

图 2-1-21　"插入 Div 标签"按钮

图 2-1-22　"插入 Div 标签"对话框

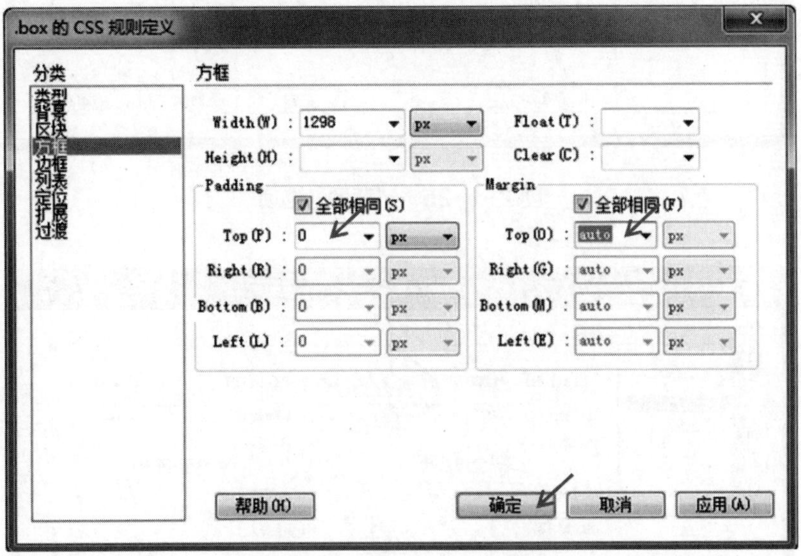

图 2-1-23　"方框"选项

图 2-1-24　STEP 4 效果图

STEP 5：在设计视图中，将光标定位在 .box 的顶级父容器中，将容器中的默认文字删除，然后在"插入"面板中的"布局"工具栏上单击"插入 Div 标签"按钮，如图 2-1-21 所示。将弹出"插入 Div 标签"对话框，为类选择器取名为 top，再单击"新建 CSS 规则"按钮，将弹出"新建 CSS 规则"对话框，单击"确定"按钮，即弹出".top 的 CSS 规则定义"对话框，切换到"背景"选项，单击"浏览"按钮，设置背景图片为 top. png，如图 2-1-25 所示，接着再切换到"方框"选项，将宽设为 1 298 px，高设为 45 px（与背景图片宽高一致），最后单击"确定"按钮即可，如图 2-1-26 所示，即返回到"插入 Div 标签"对话框，单击"确定"按钮即可，保存后运行效果如图 2-1-27 所示。

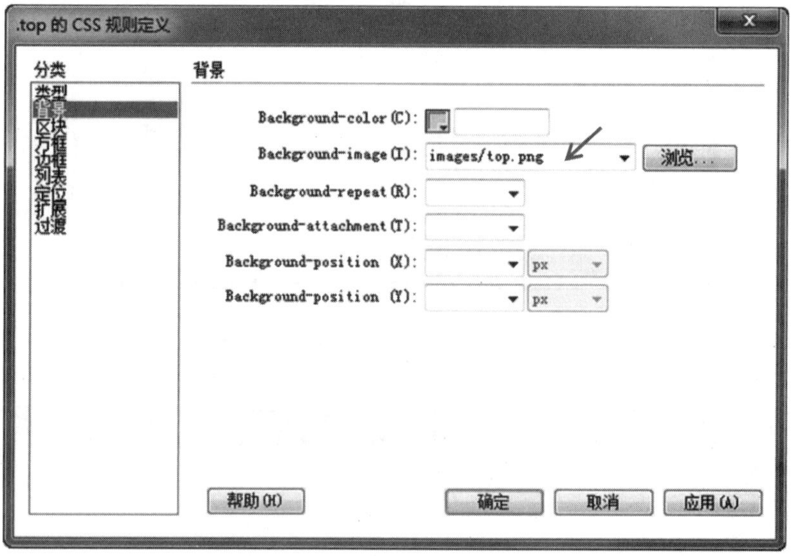

.top 的 CSS 规则定义

分类
类型
背景
区块
方框
边框
列表
定位
扩展
过渡

背景

Background-color (C):

Background-image (I): images/top.png ▼ 浏览...

Background-repeat (R): ▼

Background-attachment (T): ▼

Background-position (X): ▼ px ▼

Background-position (Y): ▼ px ▼

帮助 (H) 确定 取消 应用 (A)

图 2-1-25 "背景"选项

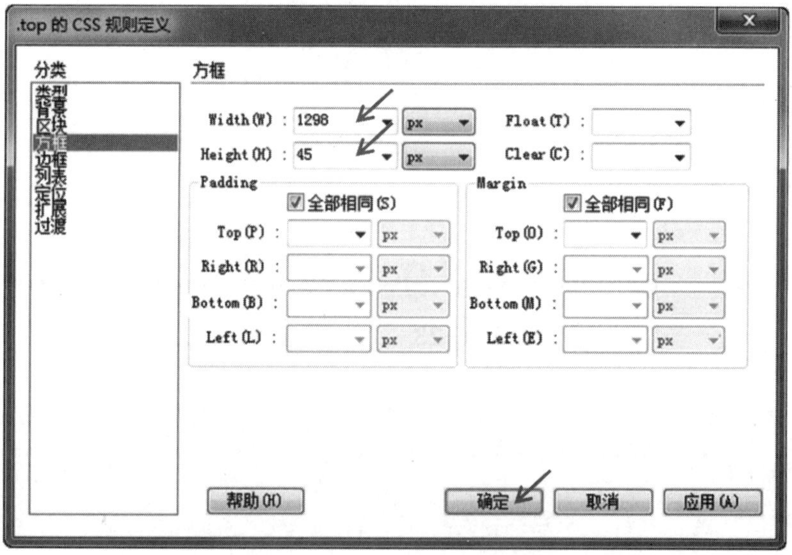

.top 的 CSS 规则定义

分类
类型
背景
区块
方框
边框
列表
定位
扩展
过渡

方框

Width (W): 1298 ▼ px ▼   Float (T): ▼

Height (H): 45 ▼ px ▼   Clear (C): ▼

Padding   Margin
☑ 全部相同 (S)   ☑ 全部相同 (F)

Top (P): ▼ px ▼   Top (O): ▼ px ▼

Right (R): ▼ px ▼   Right (G): ▼ px ▼

Bottom (B): ▼ px ▼   Bottom (M): ▼ px ▼

Left (L): ▼ px ▼   Left (E): ▼ px ▼

帮助 (H) 确定 取消 应用 (A)

图 2-1-26 "方框"选项

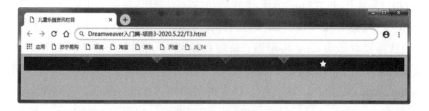

图 2-1-27 运行效果图

STEP 6：在设计视图中，将光标定位在 .top 的容器中，然后按下键盘上的下方向键【↓】，然后在"插入"面板中的"布局"工具栏上单击"插入 Div 标签"按钮，如图 2-1-21 所示，将弹出"插入 Div 标签"对话框，为类选择器取名为 middle，再单击"新建 CSS 规则"按钮，如图 2-1-28 所示，将弹出"新建 CSS 规则"对话框，单击"确定"按钮，即弹出" .middle 的 CSS 规则定义"对话框，切换到"方框"选项，将宽设为 80%，Padding 值设为 0，Margin 值为 auto（为了让 Div 盒子居中），如图 2-1-29 所示，最后单击"确定"按钮，则返回到"插入 Div 标签"对话框，单击"确定"按钮即可，主体效果如图 2-1-30 所示。

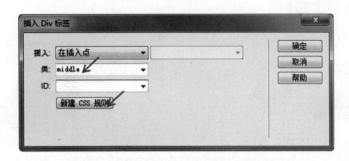

图 2-1-28　"插入 Div 标签"对话框

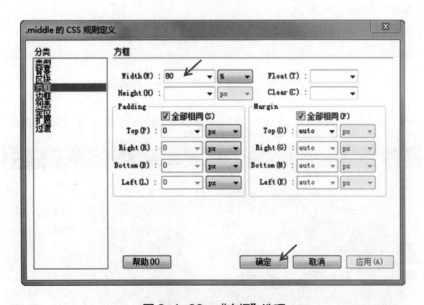

图 2-1-29　"方框"选项

图 2-1-30　STEP 6 效果图

STEP 7：在设计视图中，将光标定位在 . middle 容器中，将容器中的默认文字删除，然后在"插入"面板的"常用"工具栏上单击"图像"按钮，如图 2-1-3 所示，将弹出"选择图像源文件"对话框，选择图片素材文件 child. jpg，单击"确定"按钮，如图 2-1-31 所示，弹出"图像标签辅助功能属性"对话框，单击"确定"按钮后返回到设计视图，在视图中选中 child.jpg，在下面"属性"面板中，将宽设为 513 px，高设为 401 px，如图 2-1-32 所示。

图 2-1-31　"选择图像源文件"对话框

图 2-1-32　"属性"面板

STEP 8：在设计视图中，将光标定位在 . middle 容器中的图片后，然后在"插入"面板的"常用"工具栏上单击"图像"按钮，如图 2-1-3 所示，将弹出"选择图像源文件"对话框，选择图片素材文件 news. jpg，单击"确定"按钮，如图 2-1-33 所示，弹出"图像标签辅助功能属性"对话框，单击"确定"按钮后返回设计视图，在视图中选中素材图片，在下面"属性"面板中，将宽设为 520 px，高设为 408 px，如图 2-1-34 所示。

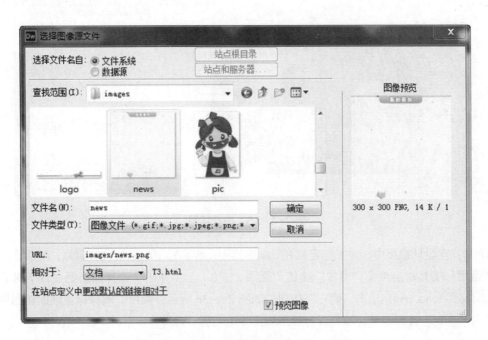

图 2-1-33 "选择图像源文件"对话框

图 2-1-34 "属性"面板

STEP 9：在设计视图中，将光标定位在 . middle 的容器中，然后按键盘上的下方向键【↓】，然后在"插入"面板的"布局"工具栏上单击"插入 Div 标签"按钮（见图 2-1-21），将弹出"插入 Div 标签"对话框，将类选择器命名为 nav，然后直接单击"确定"按钮后返回设计视图，如图 2-1-35 所示。

图 2-1-35　设计视图

STEP 10：在设计视图中，将光标定位在 nav 容器中，将容器中的默认文字删除，然后在"插入"面板的"常用"工具栏上单击"图像"按钮（见图 2-1-3），将弹出"选择图像源文件"对话框，选择图片素材文件 logo. png，单击"确定"按钮，如图 2-1-36 所示，弹出"图像标签辅助功能属性"对话框，单击"确定"按钮即可，最终运行效果如图 2-1-1 所示。

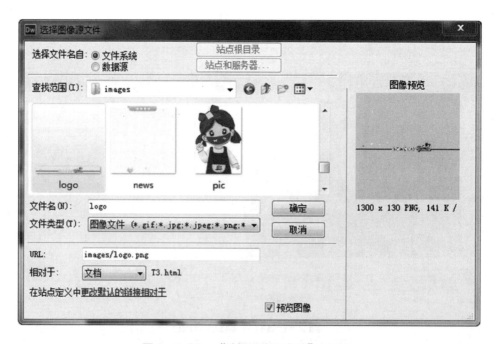

图 2-1-36　"选择图像源文件"对话框

任务 2 美化 "儿童乐园" 资讯栏目

（任务描述）

使用 Dreamweaver CS6 开发工具在网页中导入文字信息，完善 "儿童乐园" 主题网页内容，如图 2-2-1 所示。

图 2-2-1 "儿童乐园" 主题网页

（知识链接）

下面对任务 2 中涉及的知识点进行分块解析。

1. 文本标签

文本标签是网页中常用的元素，主要为了修饰网页中的文本信息。在 "插入" 面板中找到 "文本" 工具栏，如图 2-2-2 所示，各种分类的文本标签都在此面板。

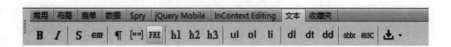

图 2-2-2 "文本" 工具栏

> 💬 **说明：** 在网页中经常会出现一些特殊的符号，切换到 "文本" 工具栏中，单击 "符号" 按钮，将展开符号下拉列表，如图 2-2-3 所示。

图2-2-3　符号下拉列表

【小试牛刀】：制作儿童课程大纲列表效果（见图2-2-4）。

图2-2-4　儿童课程大纲列表效果

STEP 1：在新建的空白网页test3. html中，在设计视图中插入 <div> 标签。将光标定位在设计视图文档页面左上角，然后在"插入"面板的"布局"工具栏上单击"插入Div标签"按钮（见图2-1-21），将弹出"插入Div标签"对话框，为类选择器取名为box，再单击"新建CSS规则"按钮（见图2-1-22），将弹出"新建CSS规则"对话框，单击"确定"按钮，即弹出". box的CSS规则定义"对话框，切换到"背景"选项，将背景颜色Background-color的值设为#0CC，如图2-2-5所示；再切换到"方框"选项，将宽设为200 px，高设为270 px，Padding值设为0，Margin值设为auto（为了让div盒子居中），如图2-2-6所示，最后切换到"边框"选项，将左框 线样式Style设为虚线dashed，线条宽度Width设为10 px，左框线颜色设为#999，如图2-2-7所示，最后单击"确定"按钮，则返回到"插入Div标签"对话框，单击"确定"按钮后进入设计视图，将Div容器中的默认文字删除，主体效果如图2-2-8所示。

.box 的 CSS 规则定义

分类 | 背景

类型
背景
区块
方框
边框
列表
定位
扩展
过渡

Background-color (C) : #0CC

Background-image (I) : ▼ 浏览...

Background-repeat (R) : ▼

Background-attachment (T) : ▼

Background-position (X) : ▼ px ▼

Background-position (Y) : ▼ px ▼

帮助 (H)　　　　　　　　确定　　取消　　应用 (A)

图 2-2-5　"背景"选项

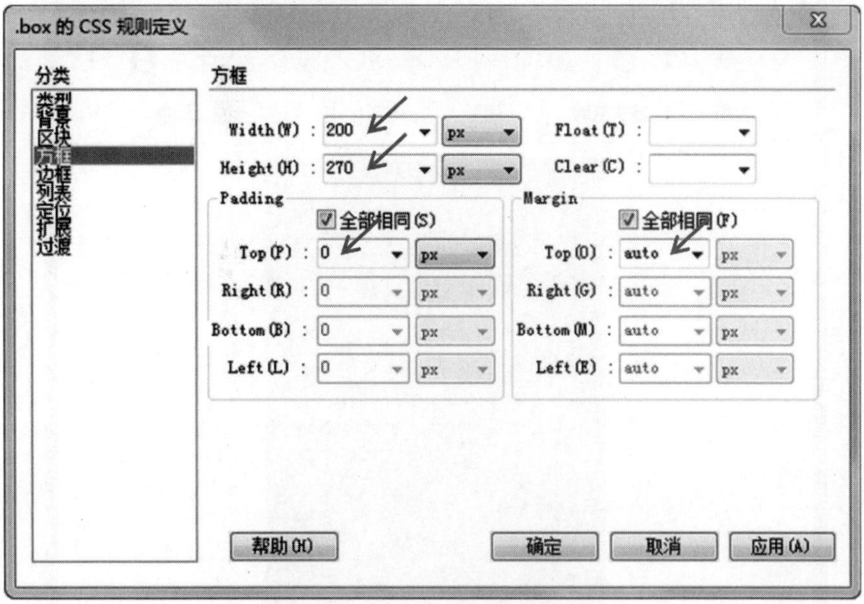

.box 的 CSS 规则定义

分类 | 方框

类型
背景
区块
方框
边框
列表
定位
扩展
过渡

Width (W) : 200 ▼ px ▼　　　Float (T) : ▼

Height (H) : 270 ▼ px ▼　　　Clear (C) : ▼

Padding　☑ 全部相同 (S)　　　Margin　☑ 全部相同 (F)

Top (P) : 0 ▼ px ▼　　　Top (O) : auto ▼ px ▼

Right (R) : 0 ▼ px ▼　　　Right (G) : auto ▼ px ▼

Bottom (B) : 0 ▼ px ▼　　　Bottom (M) : auto ▼ px ▼

Left (L) : 0 ▼ px ▼　　　Left (E) : auto ▼ px ▼

帮助 (H)　　　　　　　　确定　　取消　　应用 (A)

图 2-2-6　"方框"选项

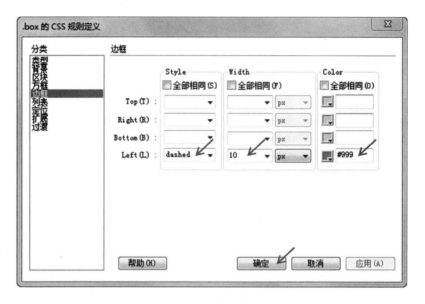

图 2-2-7　"边框"选项

图 2-2-8　主体效果图

STEP 2：在设计视图中，将光标定位在 . box 容器中，然后在"插入"面板的"文本"工具栏上单击 ul 按钮，如图 2-2-9 所示，将出现圆点项目符号，在项目符号的后面插入图片（导入标题），在"插入"面板中的"常用"工具栏上单击"图像"按钮（见图 2-1-3），将弹出"选择图像源文件"对话框，

选择图片素材文件 tt. png，单击"确定"按钮，如图 2-2-10 所示，弹出"图像标签辅助功能属性"对
话框，单击"确定"按钮后返回到设计视图，如图 2-2-11 所示，接着按【Enter】键分别输入课程大
纲的目录内容（注意：要将光标停在图片标题后按【Enter】键），运行效果如图 2-2-12 所示。

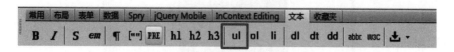

图 2-2-9 ul 按钮

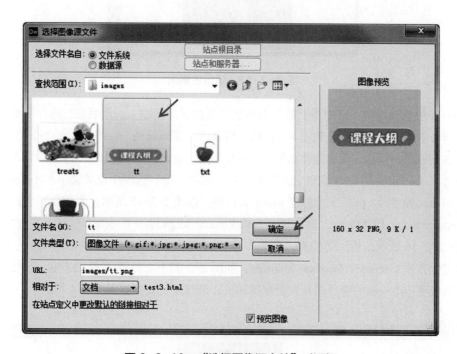

图 2-2-10 "选择图像源文件"对话框

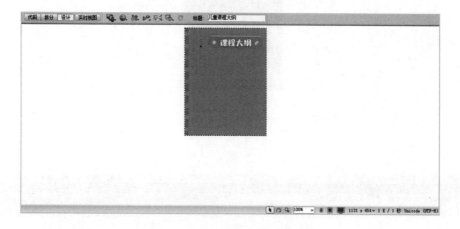

图 2-2-11 课程大纲的目录内容

图 2-2-12　运行效果图

STEP 3：在设计视图中，选中所有的列表内容（包括图片标题），然后在"属性"面板的"目标规则"下拉列表中选中"< 新 CSS 规则 >"选项，再单击"编辑规则"按钮，如图 2-2-13 所示，将弹出"新建 CSS 规则"对话框，在选择器名称文本框中输入 .box ul li，如图 2-2-14 所示，单击"确定"按钮后将弹出". box ul li 的 CSS 规则定义"对话框，在"类型"选项中设置文字大小 Font-size 为 16 px，行高 Line-height 为 40 px，字体颜色 Color 为白色，如图 2-2-15 所示；再切换到"区块"选项，将字间距 Letter-spacing 设为 5 px，垂直对齐方式 Vertical-align 设为 middle，水平对齐方式 Text-align 为 left，如图 2-2-16 所示；最后切换到"列表"选项，设置项目图片 List-style-image 为 txt. png，设置项目符号定位方式 List-style-Position 为 inside，如图 2-2-17 所示，最后单击"确定"按钮后回到设计视图，将列表项中第一项的项目图片直接删除即可，最终运行效果如图 2-2-4 所示。

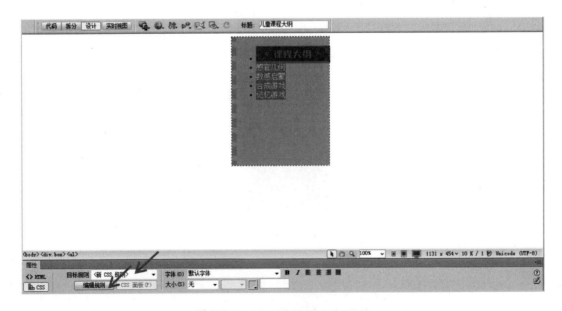

图 2-2-13　"编辑规则"按钮

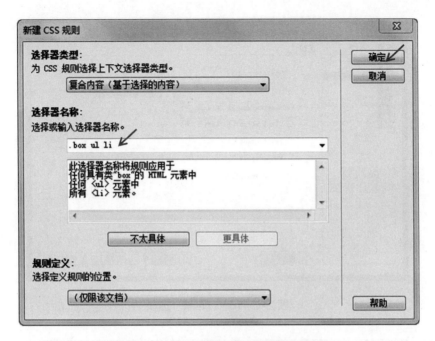

图 2-2-14 "新建 CSS 规则"对话框

图 2-2-15 "类型"选项

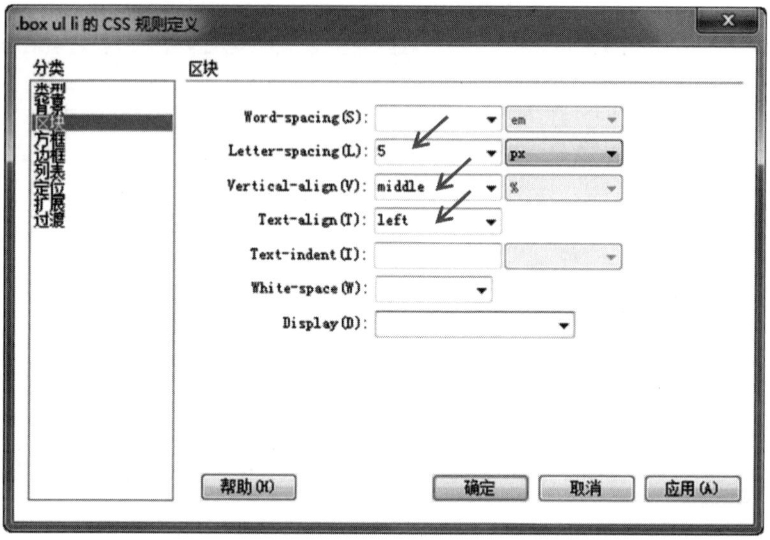

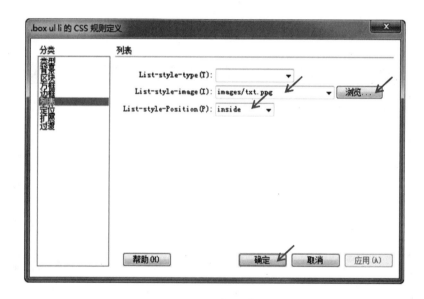

图 2-2-16 "区块"选项

图 2-2-17 "列表"选项

2. AP Div 标签

AP Div 标签可以理解为悬停在网页上的一个容器，可以放置文字、图片等信息，不会与网页信息发生冲突，可以自由移动，并调至适当的位置来点缀网页。

AP Div 是附加了定位的 CSS 样式的 Div，如图 2-2-18 所示。两个在本质上是一样的，为了方便初学者更好地调整 Div 的大小和位置，Dreamweaver 可以直接拖动 Div 来改变 Div 的大小和位置，它可以直接悬浮在其他元素之上而并不占用页面的空间。

图 2-2-18　AP Div 标签

3. 为图片添加圆角效果（见表 2-2-1）

表 2-2-1　圆角属性的基本知识

属性：值	代码解析
border-radius:10 px；	为图片或 Div 四个角同时添加圆角效果，圆角半径为 10 px
border-top-left-radius: 10 px；	顶部左上角为圆角效果，圆角半径为 10 px
border-top-right-radius: 10 px；	顶部右上角为圆角效果，圆角半径为 10 px
border-bottom-left-radius: 10 px；	底部左下角为圆角效果，圆角半径为 10 px
border-bottom-right-radius: 10 px；	底部右下角为圆角效果，圆角半径为 10 px

【小试牛刀】：为图片添加边框、圆角效果（见图 2-2-19）。

视频·

制作图片
圆角效果

图 2-2-19　效果图

STEP 1：新建空白网页 test4. html，向网页中导入图片素材 boy. jpg，如图 2-2-20 所示，在设计视图中单击空白处，在下面"属性"面板中将目标规则切换到"＜新 CSS 规则＞"，再单击"编辑规则"按钮新建样式，如图 2-2-21 所示。

图 2-2-20　新建网页 test4. html，向网页中导入图片素材 boy. jpg

图 2-2-21　"编辑规则"按钮

STEP 2：在打开的"新建 CSS 规则"对话框中，命名类选择器名称为 . boy，如图 2-2-22 所示，单击"确定"按钮后将弹出". boy 的 CSS 规则定义"对话框，切换到"边框"选项，将 Style 的线型样式设置为 solid（实线），Width（线条粗细）为 5 px，Color（线条颜色）为 #5FF3F7，如图 2-2-23 所示。

STEP 3：单击"确定"按钮后回到设计视图，单击选中网页中的图片，并在下面的"属性"面板中将类选项切换到 boy（使用刚创建的 . boy 样式），如图 2-2-24 所示。

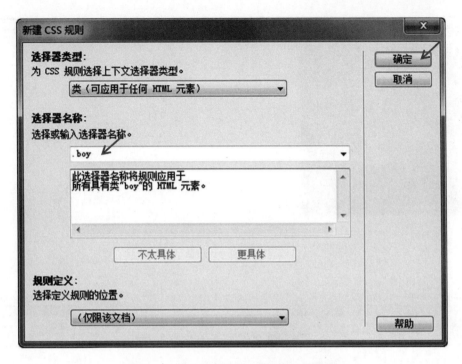

图 2-2-22　"新建 CSS 规则"对话框

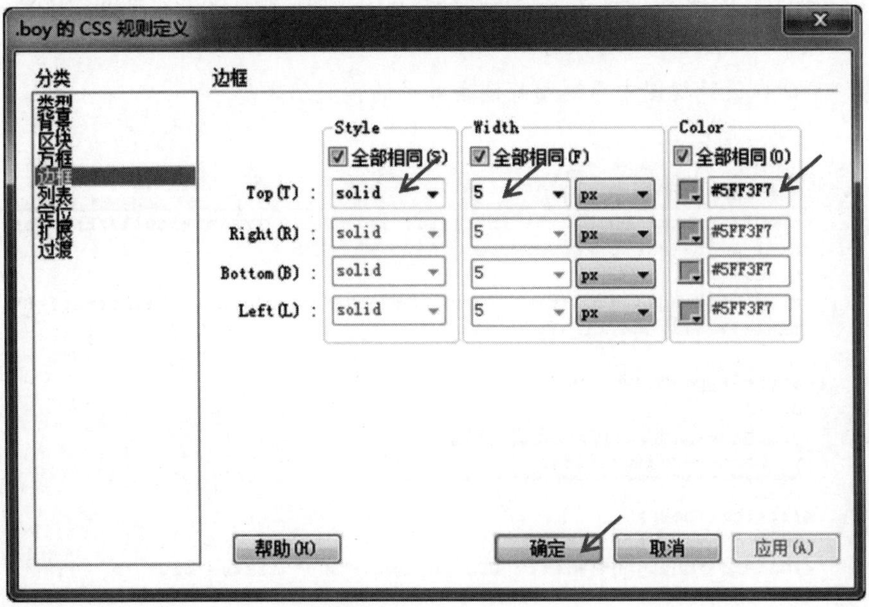

图 2-2-23　"边框"选项

图 2-2-24　类选项切换到 boy

STEP 4：切换到代码视图，在 . boy 类选择器样式中添加代码：border-radius:50px;，如图 2-2-25 所示，保存运行效果，如图 2-2-19 所示。

说明：不能在设计视图中看到图片圆角效果的预览结果。

图 2-2-25　代码视图

任务实施

STEP 1：在任务 1 的基础上添加网页中的文字信息，打开 T3. html 网页，切换到设计视图，将光标定位在 .top 的 Div 容器中，参照本任务"小试牛刀：制作儿童课程大纲列表效果"案例中的 STEP 2，在 .top 容器中插入 ul li 子容器，分别输入导航中的文字信息，如果一个列表项中有两个词组，中间插入 3 个空格，最后一个列表项中间隔 8 个空格（插入空格的符号如图 2-2-26 所示），输入后的效果如图 2-2-27 所示。

图 2-2-26 插入空格的符号

图 2-2-27 运行效果图

STEP 2：在设计视图中，选中刚输入的所有列表内容，然后在下面的"属性"面板中的"目标规则"下拉列表中选中"< 新 CSS 规则 >"选项，再单击"编辑规则"按钮，如图 2-2-28 所示，将弹出"新建 CSS 规则"对话框，在选择器名称文本框中自动生成选择器信息 .bg .box .top ul li，如图 2-2-29 所示，单击"确定"按钮后将弹出".bg .box .top ul li 的 CSS 规则定义"对话框，在"类型"选项中设置行高

Line-height 为 45 px，字体颜色 Color 为白色，如图 2-2-30 所示；再切换到"方框"选项，将浮动方式 Float 设为 left（实现导航横向显示），左外边距与右外边距都设为 65 px，如图 2-2-31 所示；最后切换到"列表"选项，设置项目符号样式 List-style-type 为 circle，如图 2-2-32 所示，最后单击"确定"按钮后回到设计视图，最终运行效果如图 2-2-33 所示。

图 2-2-28 "属性"面板

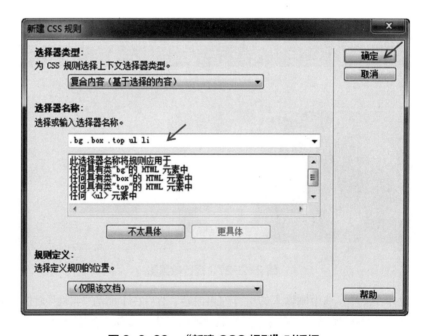

图 2-2-29 "新建 CSS 规则"对话框

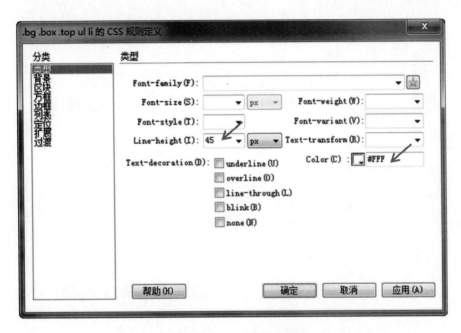

图 2-2-30 "类型"选项

图 2-2-31 "方框"选项

图 2-2-32 "列表"选项

图 2-2-33 运行效果图

STEP 3：在"最新更新"图片上添加浮动文字（导入浮动 AP Div），展示新闻栏目相关信息。在设计视图，插入 AP Div 标签容器，用来存放文字信息。单击"插入"面板中的"布局"工具栏，单击"绘制 AP Div"按钮，获取 AP Div 容器，将获取的 AP Div 容器拖至"最新更新"图片之上，部分效果如图 2-2-34 所示，在"属性"面板设置左为 693 px，上为 104 px，宽为 435 px，高为 341 px，如图 2-2-35 所示。

图 2-2-34　部分效果

图 2-2-35　"属性"面板

STEP 4：向浮动 AP Div 中添加 ul li 列表容器，用来存放每一条新闻信息。在设计视图中，将光标定位在浮动 AP Div 容器中，参照本任务"小试牛刀：制作儿童课程大纲列表效果"案例中的 STEP 2，在 . top 容器中插入 ul li 子容器，分别输入导航中的文字信息，文字与日期间加入适量的空格，插入空格的符号如图 2-2-26 所示，输入后的效果如图 2-2-36 所示。

图 2-2-36　输入后的效果图

STEP 5：调整 AP Div 容器中的文本样式。选中 AP Div 容器中所有的列表信息，然后在下面的"属性"面板中的"目标规则"下拉列表选中"＜新 CSS 规则＞"选项，再单击"编辑规则"按钮，将弹出"新建 CSS 规则"对话框，在选择器名称文本框中自动生成选择器信息 . bg #apDiv1 ul li，如图 2-2-37 所示，

单击"确定"按钮后将弹出".bg #apDiv1 ul li 的 CSS 规则定义"对话框,在"类型"选项中设置字体样式 Font-family 为华文仿宋,Line-height 为 30 px,字体颜色 Color 为黑色,如图 2-2-38 所示;再切换到"区块"选项,将字间距 Letter-spacing 设为 2 px,如图 2-2-39 所示,单击"确定"按钮后回到设计视图,最终运行效果如图 2-2-40 所示。

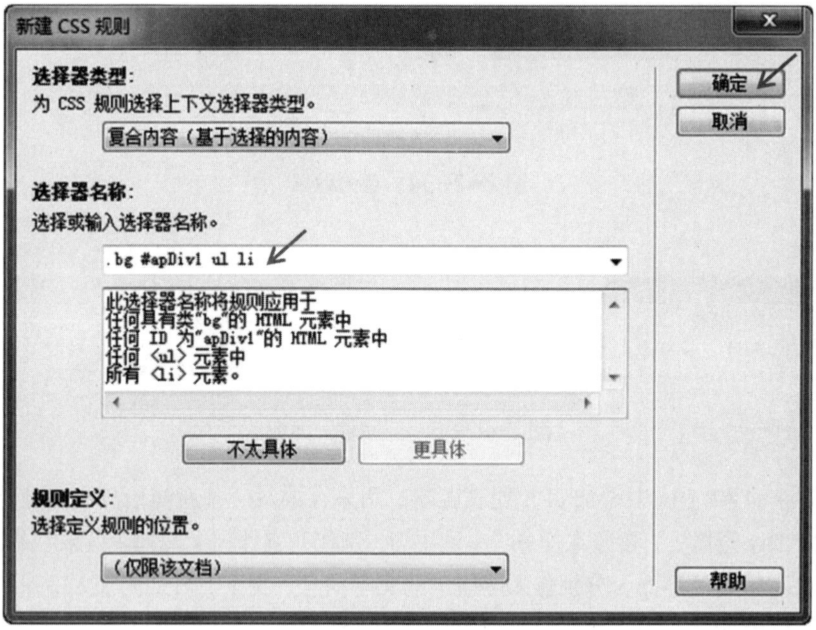

图 2-2-37　"新建 CSS 规则"对话框

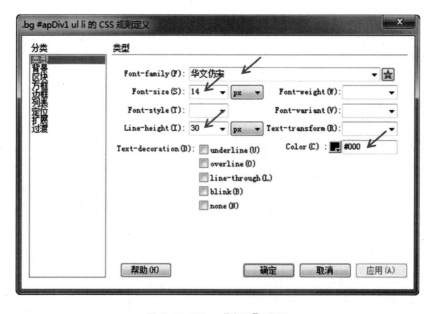

图 2-2-38　"类型"选项

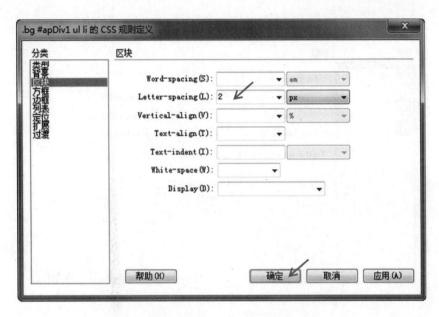

图 2-2-39 "区块"选项

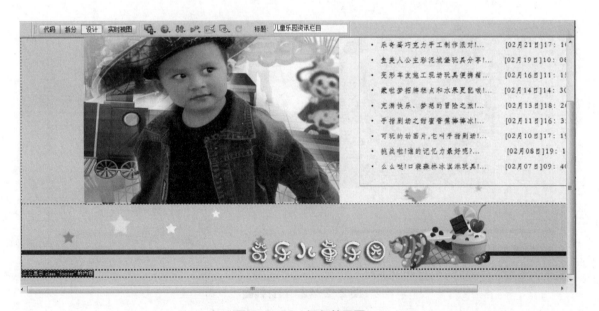

图 2-2-40 运行效果图

STEP 6：在设计视图中，将光标定位在 . nav 的容器中，然后按键盘上的下方向键【↓】，再按键盘上的右方向键【→】，然后在"插入"面板的"布局"工具栏上单击"插入 Div 标签"按钮，将弹出"插入 Div 标签"对话框，为类选择器取名为 footer，再单击"新建 CSS 规则"按钮，将弹出"新建 CSS 规则"对话框，单击"确定"按钮，即弹出". Footer 的 CSS 规则定义"对话框，在"类型"选项中将文字大小 Font-size 设为 11 px，如图 2-2-41 所示，最后单击"确定"按钮，则返回到"插入 Div 标签"对话框，单击"确定"按钮后返回到设计视图，如图 2-2-42 所示。

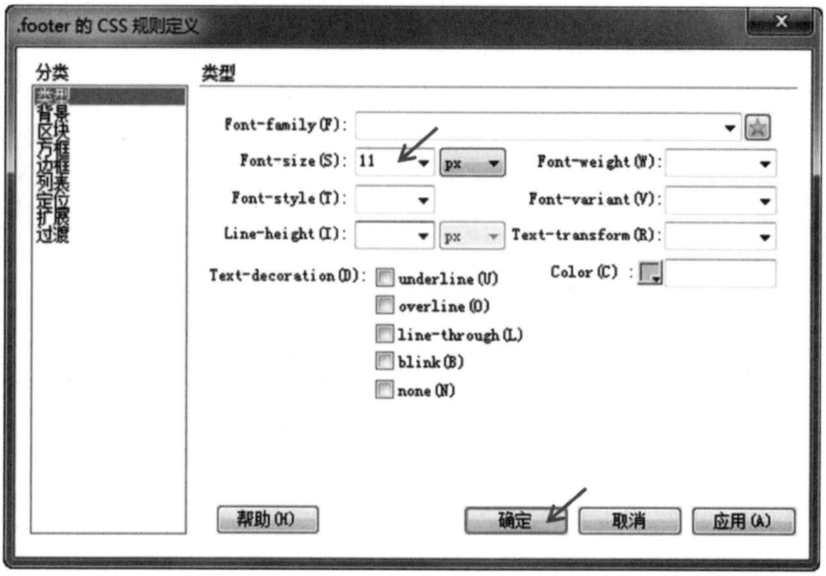

图 2-2-41　"类型"选项

图 2-2-42　设计视图

STEP 7：在设计视图中，将光标定位在 . footer 的容器中，将默认的文字删除，然后在"插入"面板的"文字"工具栏上单击"段落"按钮，如图 2-2-43 所示，在段落 p 容器中输入底部文字信息，如图 2-2-44 所示。

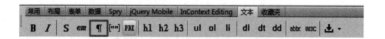

图 2-2-43　"段落"按钮

图 2-2-44 底部文字信息

STEP 8：在设计视图中，为 . middle 容器中的图片添加圆角效果。切换到代码视图，输入代码：border-top-left-radius:50px;，为容器中的第一张小女孩图片添加顶部左圆角效果，接着再为右边的图片添加底部右圆角效果，输入代码：border-bottom-right-radius:50px;，代码视图中的代码信息如图 2-2-45 所示，最终成品效果如图 2-2-1 所示。

. middle img：first-child：找到 . middle 容器中的第一张图片。

. middle img：last-child：找到 . middle 容器中的最后一张图片。

```
10  .top {
11      background-image: url(images/top.png);
12      height: 45px;
13      width: 1298px;
14  }
15  .box {
16      margin: auto;
17      padding: 0px;
18      width: 1298px;
19  }
20  .middle {
21      width: 80%;
22      margin: auto;
23      padding: 0px;
24
25  }
26  .middle img:first-child{
27      border-top-left-radius:50px;
28  }
29  .middle img:last-child{
30      border-bottom-right-radius:50px;
31  }
32  .bg .box .top ul li {
33      line-height: 45px;
34      color: #FFF;
35      text-decoration: none;
36      float: left;
37      margin-right: 65px;
38      margin-left: 65px;
```

图 2-2-45 代码视图

💬 **说明**：类似于添加圆角的这些特殊效果，这里需要用手工输入代码的方式来实现，具体操作由指导老师现场编写演示并解析。

项目总结

本项目共分两个任务，任务 1 的知识主要是掌握导入图片的方法，在以后的项目中会重复使用；任务 2 重点掌握在网页中导入文字信息的方法与技巧，并配合边框的圆角半径属性达到特殊的视觉效果。

完成本项目的强化训练，将为以后的项目制作奠定良好基础。

▍**技能训练**

将图片 test1.jpg（见图 2-3-1）在网页中以圆形效果显示，并加上白色框线与文字，如图 2-3-2 所示。

图 2-3-1 原图　　　　　　图 2-3-2 最终效果图

关键操作步骤提示：

① 创建 Div 标签容器，并设置其宽度为 500 px，高度为 488 px，并设置 Padding 值为 0 px，Margin 值为 auto（让 Div 盒子居中显示）。

② 单击工具栏中的"图片"按钮，在 Div 标签容器中插入 test1.jpg 图片。

③ 切换到代码视图，设置图片的圆角半径值为宽度的一半（才会出现圆形的效果），即 border-radius: 250px;。

④ 进入图片的选择器 CSS 样式编辑窗口，设置图片的边框大小为 4 px，颜色为白色。

⑤ 最后添加文字效果，并将网页背景颜色的值设置为 #DEE5F5。

✏️ **备注**：详细的操作步骤可参照本项目任务 2。

习　题

1.　填空题

（1）切换到下一个设计页面的快捷键是_____，全选的快捷键是_____。

（2）常用面板有插入面板、_____、CSS 样式面板、_____。

2.　选择题

（1）设置文字的阴影效果的属性是（　　　）。

　　A.　opacity　　　　　B.　text-shadow　　　C.　box-shadow　　　D.　都不是

（2）设置网页元素的圆角半径的属性是（　　　）。

　　A.　border　　　　　B.　border-style　　　C.　border-radius　　　D.　border-color

3.　问答题

（1）HTML 选择器有哪些，并说出其优先级。

（2）谈谈通过本项目的学习，你有哪些收获？

4.　创作题

通过本项目所学的知识，将图片 test2.jpg 制作成一张小猪生日卡片（也可挑选自己喜欢的素材，自行创意）。

最终效果图

项目 3
制作求职简历

学习目标

1. 掌握创建表格，掌握表格中的基本参数设置。
2. 掌握美化表格的基本方法等。
3. 熟悉美化表格的相关属性等。

技能目标

1. 表格布局的方法。
2. 表格的嵌套。
3. 表格的美化技巧。

如何用 Dreamweaver 开发工具来制作个性化的求职简历，为自己的求职递上一张精美的"网络名片"？通过本项目的学习，读者将了解并掌握使用表格制作个人简历，掌握在 Dreamweaver CS6 中的插入、美化表格的方法和技能。

▌ 任务 1　创建表格

任务描述

使用 Dreamweaver CS6 开发工具在网页中创建表格，制作一份个人简历的基本框架，效果展示如图 3-1-1 所示。

知识链接

下面对任务 1 中涉及的知识点进行分块解析。

1．表格在网页中的作用

（1）布局网页框架

早期的网页都是用表格来进行布局，但因表格布局的局限性、不易修改、效率低，后来网页中的布局都改用 Div 标签进行布局，方便重新组合，效率更高。

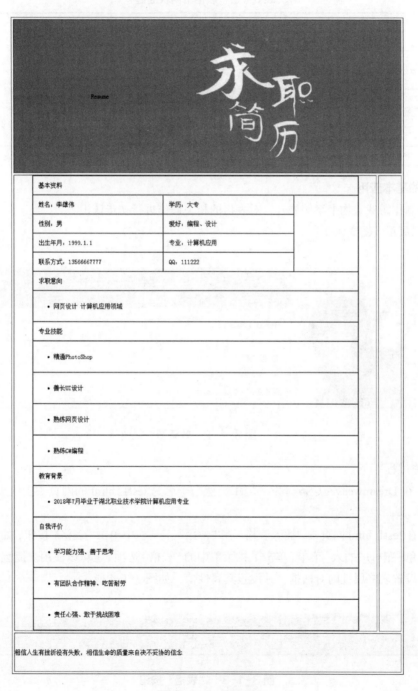

图 3-1-1　效果图

（2）显示存放信息

表格另外一个用途是存放数据与表单的布局，使用表格存放的数据信息更具有条理性，层次更分明。

2. 表格的常用快捷键（见表 3-1-1）

表 3-1-1　表格常用快捷键

快 捷 键	作　　用
Ctrl+Alt+T	插入一张表格
Ctrl+ 单击	选中一张单元格
Ctrl+Alt+M	合并单元格
Ctrl+Alt+S	拆分单元格
Ctrl+M	插入行
Ctrl+Shift+A	插入列
Shift+Enter	添加换行符

3. 表格的基本应用

以下运用制作游戏人物卡案例展开，对表格的相关操作进行初步认识。

（1）效果展示（图 3-1-2）

视频

制作王者荣耀
人物名片

图 3-1-2　效果图

（2）实施过程

STEP 1：在 Dreamweaver CS6 开发环境中新建一个名为 test1. html 的网页（操作步骤可参考项目 2 中的任务 1）。

STEP 2：在 test1. html 网页中，插入表格。在"常用"工具栏中单击"表格"按钮，如图 3-1-3 所示，或者是单击菜单栏中的"插入"菜单，单击下拉菜单中的"表格"选项，也可以使用快捷键【Ctrl+Alt+T】，将会弹出一个设置表格属性的对话框，并设置其属性值，如图 3-1-4 所示。

图 3-1-3　"表格"按钮

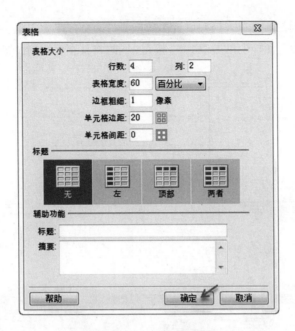

图 3-1-4 设置表格属性

说明：表格宽度以百分比为单位是指以网页宽度为参照所占的比例大小，单元格边框是指文字与边框线之间的距离，而单元格间距是指框线之间（内框线与外框线）的距离。

STEP 3：单击"确定"按钮后，将会在网页中出现一个 4 行 2 列的表格，单击表格框线边缘，将会选中表格，然后在底部"属性"面板中设置表格的对齐方式为居中对齐，如图 3-1-5 所示。

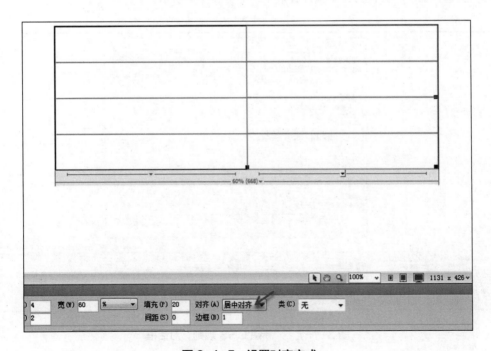

图 3-1-5 设置对齐方式

STEP 4：合并第一列的所有单元格并设置单元格所占的百分比为30%。拖动鼠标选中第一列的四个单元格，并在底部"属性"面板中单击"合并"按钮，同时将其宽度比例设置为30%，如图3-1-6所示。

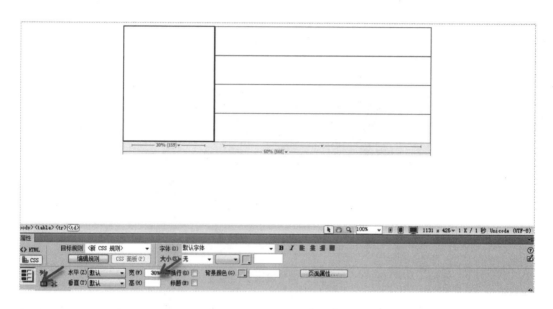

图3-1-6 "属性"面板

STEP 5：为合并后的单元格添加背景图片。单击选中第一列的单元格，在下面的"属性"面板中单击"编辑规则"按钮，将弹出"新建CSS规则"对话框，在对话框中为选中的单元格命名为pic（专业术语称为类选择器），方便为其单独设置效果，如图3-1-7所示。

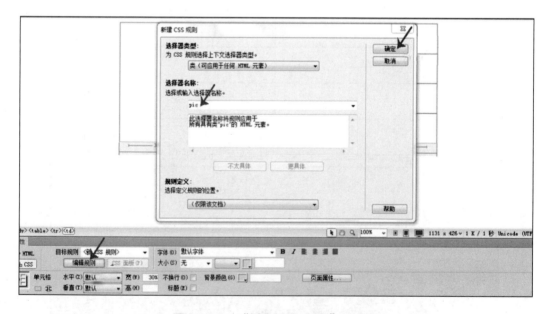

图3-1-7 "新建CSS规则"对话框

STEP 6：单击"确定"按钮后，随即会弹出类选择器".pic 的 CSS 规则定义"对话框，切换到"背景"选项，导入背景图片 libai. jpeg，并设置重复方式为 no-repeat（不重复）， X、Y 轴方向对齐方式都设置为 center（中心对齐），如图 3-1-8 所示。操作完毕后图片就会在单元格中居中对齐，并不重复显示，最终效果如图 3-1-9 所示。

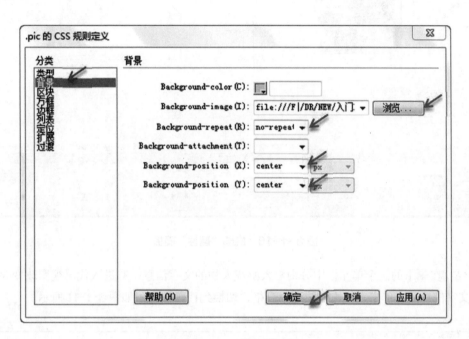

图 3-1-8　"背景"选项

图 3-1-9　最终效果图

STEP 7：为第二列第一个单元格添加背景颜色及文字效果。单击选中第二列第一个单元格，在下面"属性"面板为此单元格取一个名为 .t1 的类选择器（操作方法参照图 3-1-7），为此单元格设置背景颜色为 #DB7B7F，字体大小为 24 px，字体颜色为白色，对齐方式为居中对齐，如图 3-1-10 所示。

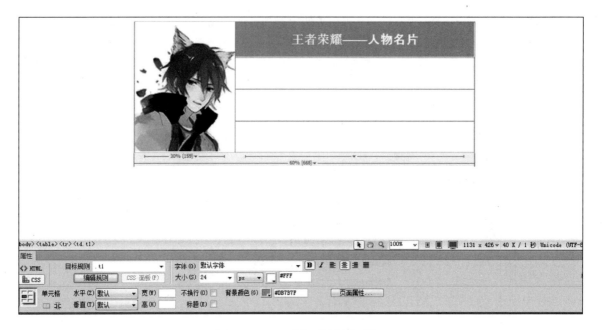

图 3-1-10 底部"属性"面板

STEP 8：在剩下的三个单元格中分别输入游戏人物的文字信息，并进入代码视图改变表格边框颜色。输入文字信息后，单击表格边框线选中表格，切换到代码视图，如图 3-1-11 所示。

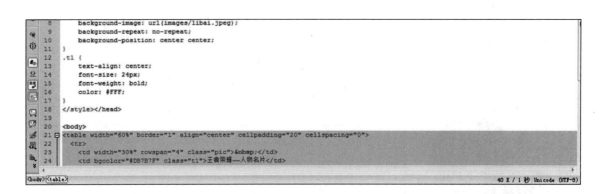

图 3-1-11 代码视图

STEP 9：在代码视图中找到 table 标签，并在 table 标签内输入代码 bordercolor="#DB7B7F"，如图 3-1-12 所示，改变表格的边框颜色，最终效果如图 3-1-2 所示。

😊 **说明**：表格的边框颜色也可以通过"标签编译器"对话框来实现，但使用编写代码的方式来实现更为快捷，而且在开发环境中所有的代码基本上都可以提示，不一定要记住代码的全部。

```
<body>
<table width="60%" border="1" align="center" cellpadding="20" cellspacing="0"  bordercolor="#DB7B7F">
  <tr>
    <td width="30%" rowspan="4" class="pic"> </td>
    <td bgcolor="#DB7B7F" class="t1">王者荣耀——人物名片</td>
  </tr>
  <tr>
    <td>中文名：李白</td>
  </tr>
  <tr>
    <td>性　别：男</td>
  </tr>
  <tr>
    <td>英雄定位：刺客、战士</td>
  </tr>
</table>
</body>
```

图 3-1-12　代码视图

4. 表格的嵌套

表格的嵌套是指表格单元格中再插入一个表格，进行局部布局，达到层次分明、美观的效果。

STEP 1：在 Dreamweaver CS6 开发环境中新建一个名为 T4. html 的网页（操作步骤可以参照项目 2 中的任务 1）。

STEP 2：在 T4. html 网页中，插入表格。在"常用"工具栏中单击"表格"按钮（见图 3-1-3），将会弹出一个设置表格属性的对话框，设置其属性值，如图 3-1-13 所示。

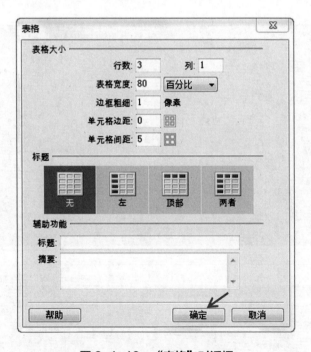

图 3-1-13　"表格"对话框

STEP 3：单击"确定"按钮后，将会在网页中出现一个 3 行 1 列的表格，单击表格框线边缘选中表格，然后在底部"属性"面板中设置表格的对齐方式为居中对齐，如图 3-1-14 所示。

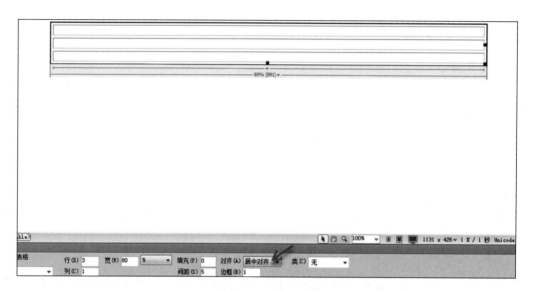

图 3-1-14　"属性"面板

STEP 4：设置第一行的高度为 400 px。单击第一行（第一行将被选中），在下面"属性"面板中设置其高度为 400 px，背景颜色为 #00CCCC，如图 3-1-15 所示。

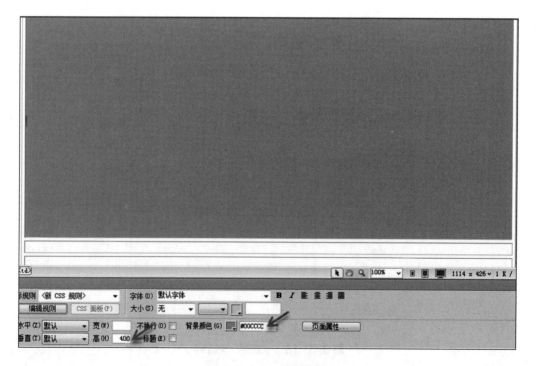

图 3-1-15　表格设置

STEP 5：单击第一行，在第一行中插入一行两列的表格，如图 3-1-16 所示，并设置其对齐方式为居中对齐。

STEP 6：选中第一行的嵌套表格中的第一列，设置宽度比例为 50%，如图 3-1-17 所示。

图 3-1-16　"表格"对话框

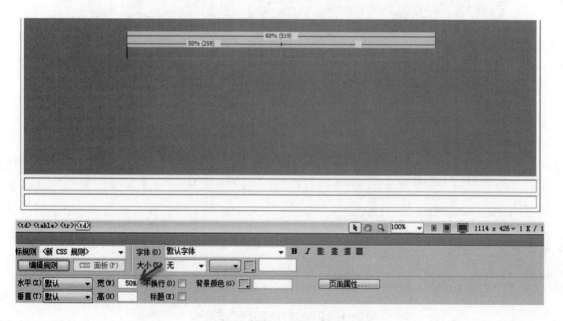

图 3-1-17　"属性"面板

STEP 7：选中嵌套表格的第一列，设置宽度比例为 50%，如图 3-1-17 所示，并在第一列中输入英文 Resume，在第二列中导入图片素材 2. png，导入图片的最终效果如图 3-1-18 所示。

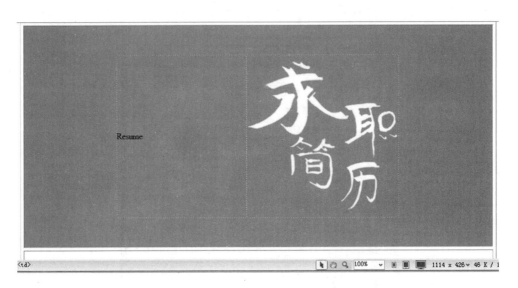

图 3-1-18　导入图片素材效果图

STEP 8：切换到表格的第二行，将第二行拆分为两列。将光标定位在第二行，然后在下面"属性"面板中单击"拆分"按钮 北，将其拆分为两列，如图 3-1-19 所示，将光标定位到拆分后的第二列，将其宽度设置为 6%，如图 3-1-20 所示。

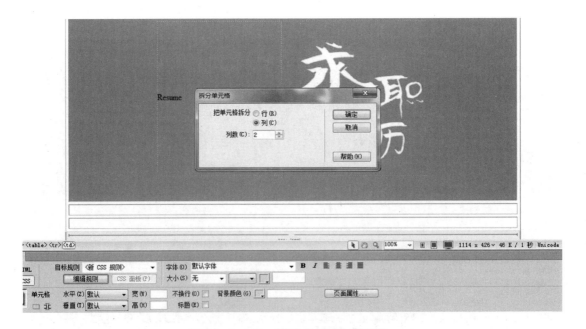

图 3-1-19　"拆分单元格"对话框

图 3-1-20 STEP 8 运行效果图

STEP 9：将光标移到拆分后的第一列，在此单元格中插入一个 18 行 1 列的表格（用于存放个人简历的详细信息），表格宽度百分比为 90%，单元格边距为 15 px，并设置对齐方式为居中对齐，如图 3-1-21 所示，单击"确定"按钮后效果如图 3-1-22 所示。

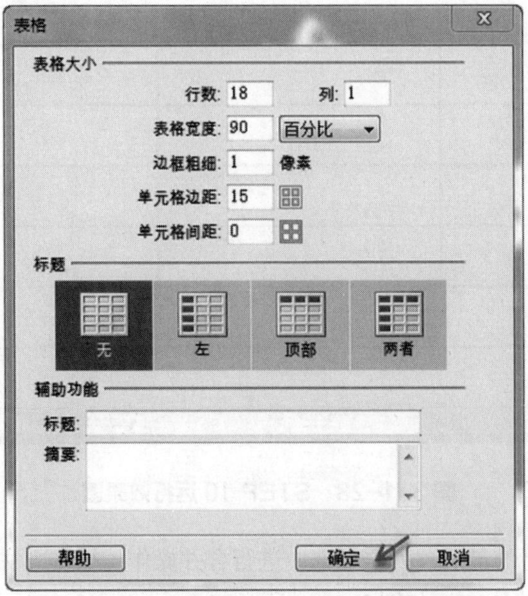

图 3-1-21 "表格"属性对话框

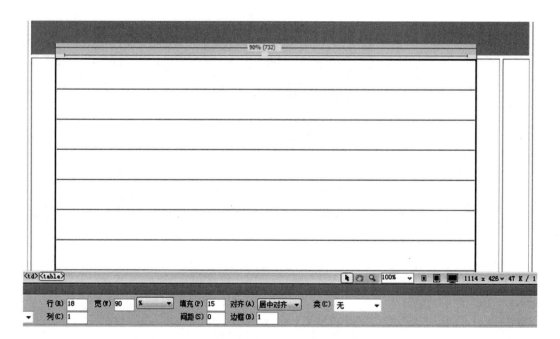

图 3-1-22　STEP 9 运行效果图

STEP 10：将嵌入表格的第 2、3、4、5 行分别拆分为 3 列（操作步骤可参考 STEP 8），最终效果如图 3-1-23 所示。

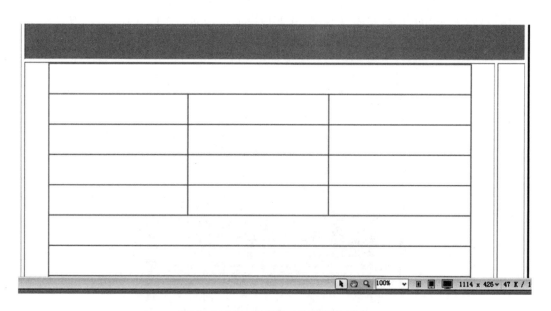

图 3-1-23　STEP 10 运行效果图

STEP 11：将拆分的 4 行的最后一列全部选中进行合并操作（操作方法可参照图 3-1-6），然后将合并后的单元格宽度比例设为 20%，如图 3-1-24 所示。

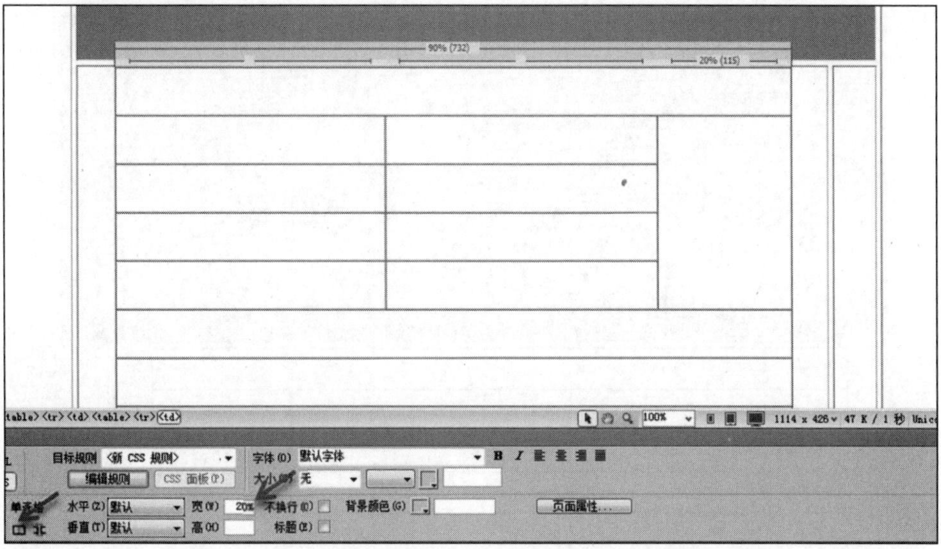

图 3-1-24 "属性"面板

STEP 12：将个人详细信息输入到表格中，并为部分文字添加项目编号。直接选中要添加项目编号的文字，再单击"格式"→"列表"→"项目列表"命令，就可在文本前自动加上项目编号，如图 3-1-25 所示，最终效果如图 3-1-26 所示。

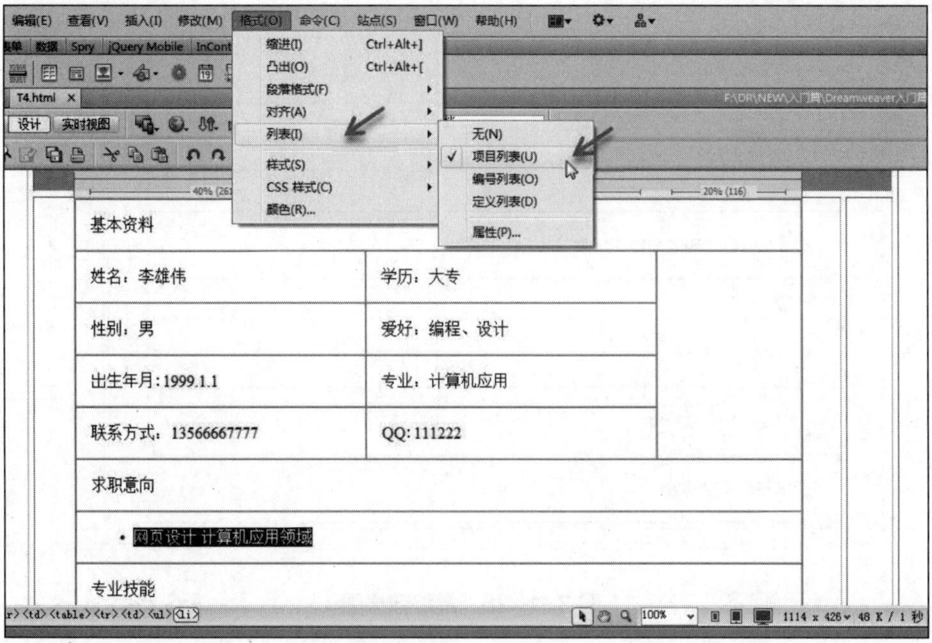

图 3-1-25 "格式"菜单

STEP 13：最后设置页脚，也就是表格的最后一行，将光标移至表格中的最后一行，设置其高度为 100 px（操作方法可参照图 3-1-15），并添加文字信息，最终效果如图 3-1-1 所示。

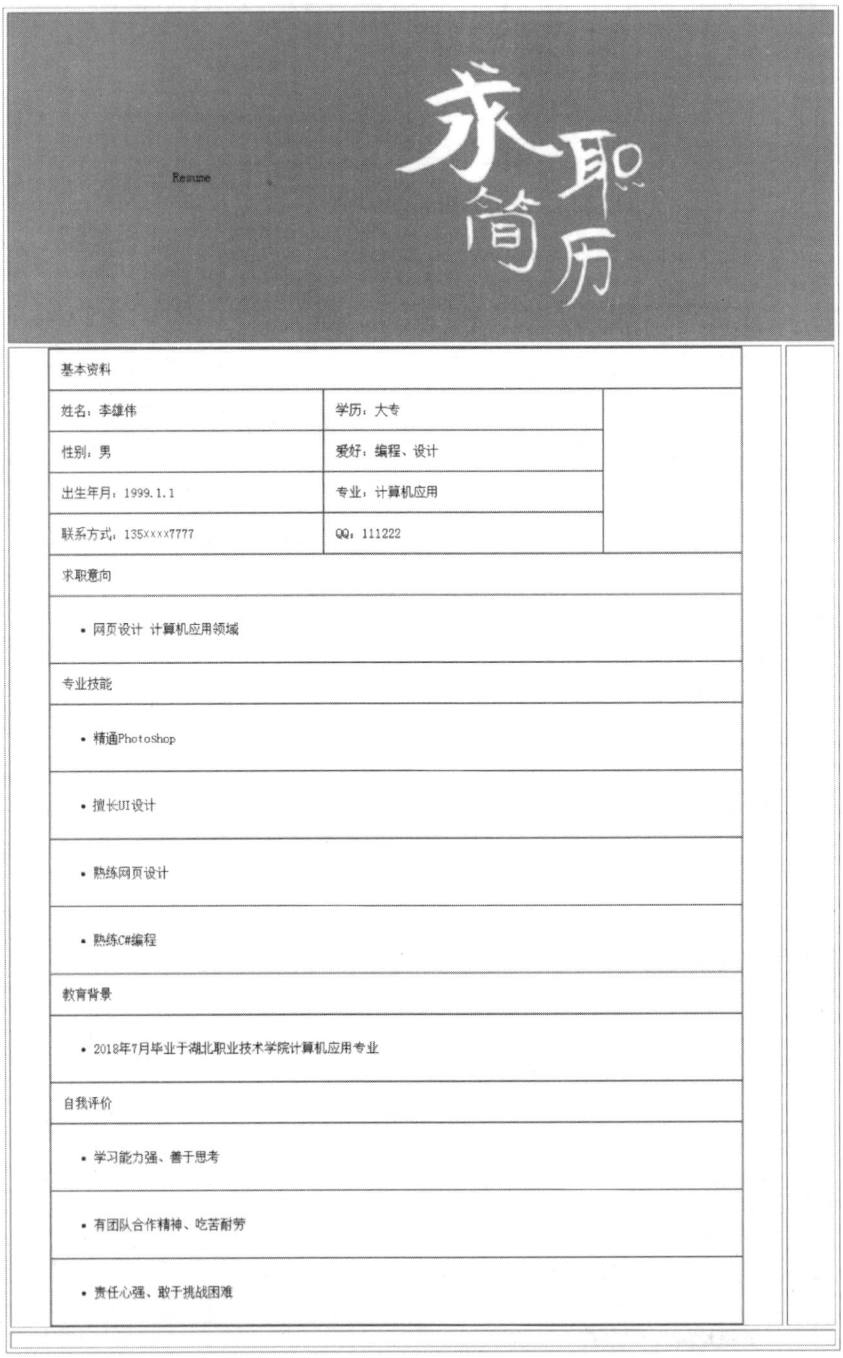

图 3-1-26　最终效果图

💬 **说明：** 以上 13 个步骤初步完成了表格的基本框架，通过操作我们认识到表格不但可以用来布局网页，还可以存储信息。最后为了表格呈现的外观效果更好，我们将在任务 2 中对表格进行美化操作。

任务 2 美化表格

任务描述

使用 Dreamweaver CS6 开发工具美化任务 1 中制作的个人简历，效果如图 3-2-1 所示。

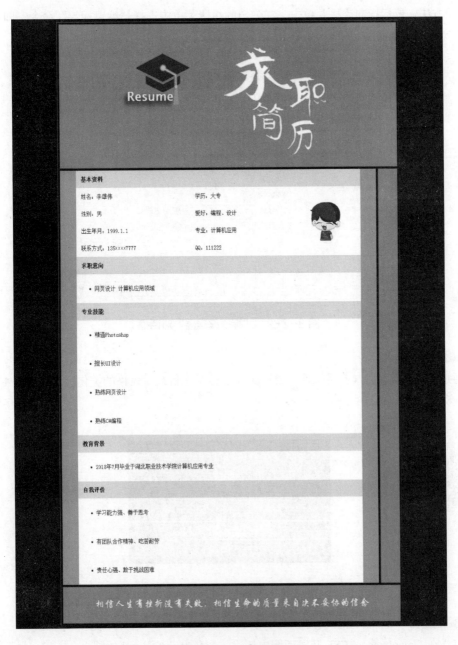

图 3-2-1 效果图

🖥️ 知识链接

下面对任务 2 中涉及的知识点进行分块解析。

1. 标签编辑器

① 标签编辑器可以对表格的属性进行综合处理，还可以为表格设置边框颜色、背景图片，添加事件等操作。

② 调用方法：鼠标指向表格并单击，在弹出的快捷菜单中选择"编辑标签"命令，即可弹出"标签编辑器"对话框，如图 3-2-2 所示。

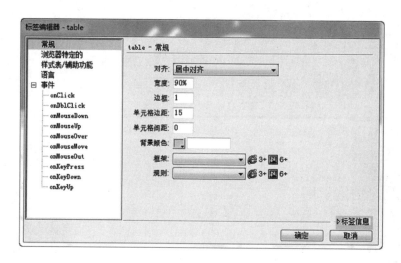

图 3-2-2 "标签编辑器"对话框

2. 表格的美化基础

以下通过制作精美名片（尺寸大小：250 px*153 px）案例，对表格的美化操作进行基本训练。

（1）效果展示（见图 3-2-3）

·视频

制作个性化
创意名片

图 3-2-3 运行效果图

（2）实施过程

STEP 1：在 Dreamweaver CS6 开发环境中新建一个名为 test2. html 的网页。

STEP 2：在 test2. html 网页中，插入表格。在"常用"工具栏中单击"表格"按钮（见图 3-1-3），

或者是单击菜单栏中的"插入"菜单，单击下拉菜单中的"表格"选项，也可以使用快捷键【Ctrl+Alt+T】，将会弹出一个设置表格属性的对话框，设置其属性值，如图 3-2-4 所示。

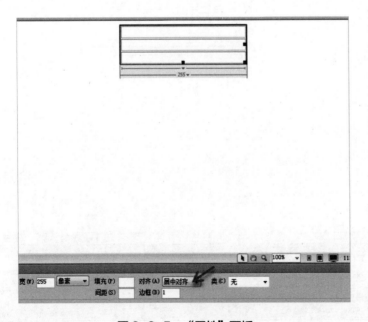

图 3-2-4　"表格"对话框

STEP 3：单击"确定"按钮后，将会在网页中出现一个 3 行 1 列的表格，单击表格框线边缘，将会选中表格，然后在底部"属性"面板中设置其表格的对齐方式为居中对齐，如图 3-2-5 所示。

图 3-2-5　"属性"面板

STEP 4：切换到代码视图，在 table 标签内设置表格高度 height="153"，如图 3-2-6 所示，再切换到设计视图，单击第一行，将光标定位在第一行的单元格，并在底部"属性"面板中将其高度比例设置为 70%（见图 3-2-7）。

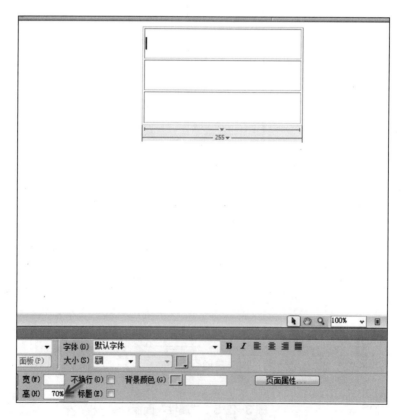

图 3-2-6　代码视图

图 3-2-7　"属性"面板

STEP 5：在第一行的单元格中插入图片。将光标停留在第一行的单元格，单击"常用"工具栏中"图像"按钮，如图 3-2-8 所示，在弹出的对话框中找到素材图片 apple. png，导入图片后选中图片，在底部的"属性"面板中设置宽为 43 px，高为 42 px，如图 3-2-9 所示。

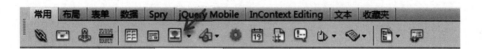

图 3-2-8　"图像"按钮

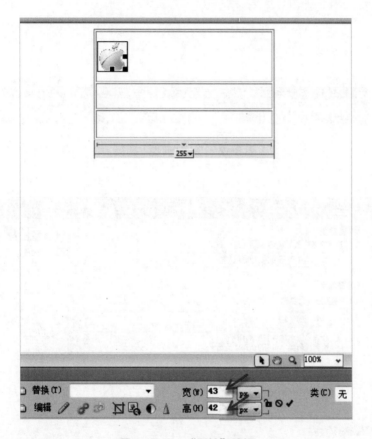

图 3-2-9　"属性"面板

STEP 6：选中第一行的单元格，在底部"属性"面板的"目标规则"下拉列表框中选择"< 新CSS 规则 >"选项，然后单击"编辑规则"按钮，如图 3-2-10 所示。

STEP 7：在弹出的"新建CSS规则"对话框中命名类选择器为 . td1，如图 3-2-11 所示，最后单击"确定"按钮。

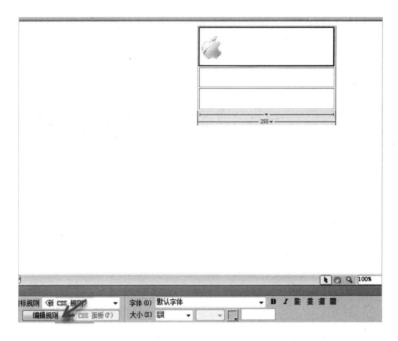

图 3-2-10 "属性"面板

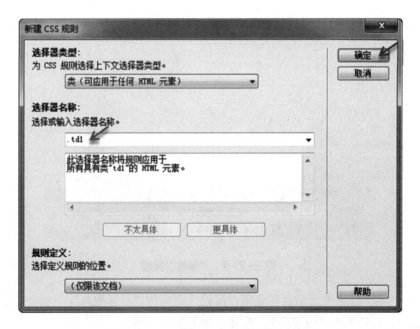

图 3-2-11 "新建 CSS 规则"对话框

STEP 8：在弹出的". td1 的 CSS 规则定义"对话框中选择"背景"选项，Background-color（背景颜色）值设为 #000（黑色），再切换至"区块"选项，将 Text-align 值设为 center（中心对齐），如图 3-2-12 所示，运行的结果如图 3-2-13 所示。

STEP 9：选中第二行的单元格，在底部"属性"面板的"目标规则"下拉列表框中选择"< 新 CSS 规则 >"选项，然后单击"编辑规则"按钮，在弹出的"新建 CSS 规则"对话框中的选择器名称框中填写 . td2，命名类选择器为 . td2，然后单击"确定"按钮，在弹出的". td2 的 CSS 规则定义"对话框中选择"背景"选项，Background-color（背景颜色）值设为 #C00（深红色），再切换至"区块"选项，将 Text-align 值设为 center（中心对齐）。操作方法可参照 STEP 6、STEP 7、STEP 8，最后的运行结果如图 3-2-14 所示。

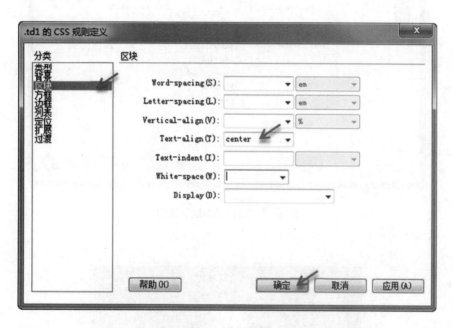

图 3-2-12　"区块"选项

图 3-2-13　运行效果图

图 3-2-14　运行效果图

STEP 10：在第二行的单元格中输入文字信息"运营总监：JESON"，将光标定位在第二行单元格，然后单击底部"属性"面板中的"编辑规则"按钮，修改类选择器 . td2 的样式，在弹出的". td2 的 CSS 规则定义"对话框中的"类型"选项中将 Font-family（字体）设置为"华文雅黑"，Font-size（字体大小）值设为 14 px，Font-weight（字体粗细）值设置为 bold（加粗），Color 值（字体颜色）

设置为 #FFF（白色），如图 3-2-15 所示，单击"确定"按钮后，运行效果如图 3-2-16 所示。

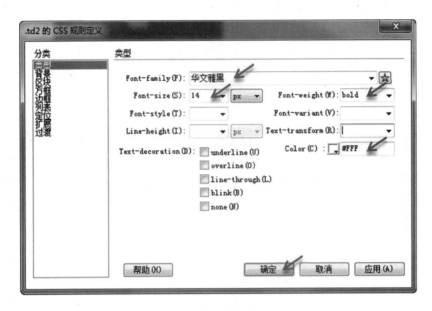

图 3-2-15 "类型"选项

图 3-2-16 运行效果图

STEP 11：最后将光标切换到第三行的单元格，输入文字信息"联系方式：136×××8888"，接着在底部"属性"面板的"目标规则"下拉列表框中选择"<新 CSS 规则>"选项，然后单击"编辑规则"按钮，在弹出的"新建 CSS 规则"对话框中的选择器名称框中填写 .td3，命名类选择器为 .td3，然后单击"确定"按钮，在弹出的".td3 的 CSS 规则定义"对话框中的"类型"中，将 Font-family（字体）设置为"楷体"，Font-size（字体大小）值设为 16 px，Color 值（字体颜色）设置为 #FFF（白色）；接着切换到"背景"选项，将 Background-color（背景颜色）值设为 #000（黑色）；再切换"区块"选项，将 Text-align 值设为 center（中心对齐）；最后切换到"方框"选项卡，设置 Padding（内边距）值，Top（离顶部）值为 5 px，Bottom（离底部）值为 5 px，其他值不变（取消选中"全部相同"复选框）。操作方法可参照 STEP 6、STEP 7、STEP 8、STEP 10，最后的运行结果如图 3-2-17 所示。

图 3-2-17 运行效果图

STEP 12：最后一步，选中表格，在底部的"属性"面板中将表格的边框值设为 0，如图 3-2-18 所示，最后的效果如图 3-2-3 所示。

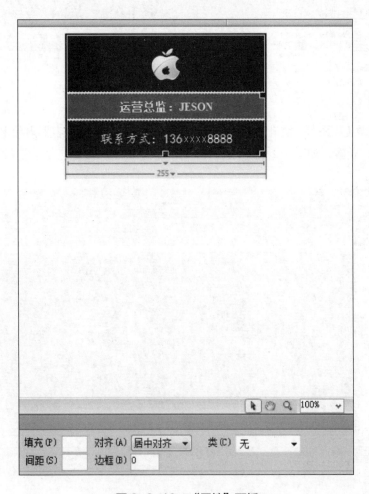

图 3-2-18 "属性"面板

任务实施

STEP 1：美化表头。选中英文 Resume，并为其单独命名类选择器名称为 . t2，设置字体大小为 36 px，字体颜色为白色，加粗，如图 3-2-19 所示。

图 3-2-19 "属性"面板

STEP 2：添加博士帽图片，美化表头。绘制 AP Div 标签，并在标签容器内导入图片素材 1. png，并调至合适的大小、位置，如图 3-2-20 所示。

图 3-2-20 导入博士帽图片

STEP 3：拖动选中英文 Resume，为其添加阴影效果，切换到代码视图，在内嵌样表中添加代码 text-shadow: -5px 10px 20px black;，实现文字的阴影效果，如图 3-2-21 所示，运行的效果如图 3-2-22 所示。

💬 **说明**：阴影效果在 Dreamweaver 开发环境中无法展现，只有通过浏览器预览才能显示其效果。

```
.t2{
    font-family: "Lucida Sans Unicode", "Lucida Grande", sans-serif;
    text-shadow: -5px 10px 20px black;
}
</style></head>

<body>
<div id="apDiv1"><img src="images/1.png" width="172" height="160" /></div>
<table width="80%" border="1" align="center" cellpadding="0" cellspacing="5">
 <tr>
    <td height="400" colspan="2" bgcolor="#00CCCC"><table width="60%" border="0
     <tr>
        <td width="50%" class="t2">Resume</td>
        <td><img src="images/2.png" width="280" height="294" /></td>
```

图 3-2-21　代码视图

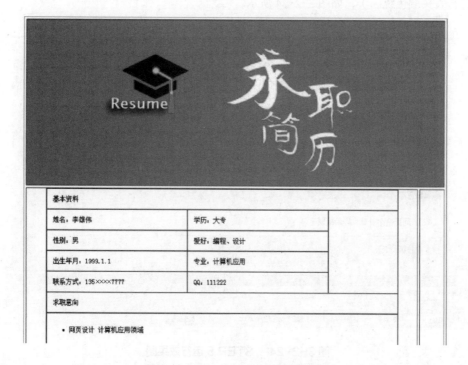

图 3-2-22　STEP 3 运行效果图

STEP 4：美化个人简历中的详细信息。按下【Ctrl】键，分别单击选中标题行，为所有的标题行命名类选择器名称为 .t3，并统一设置背景颜色为 #DBDFE6，字体为加粗，如图 3-2-23 所示。

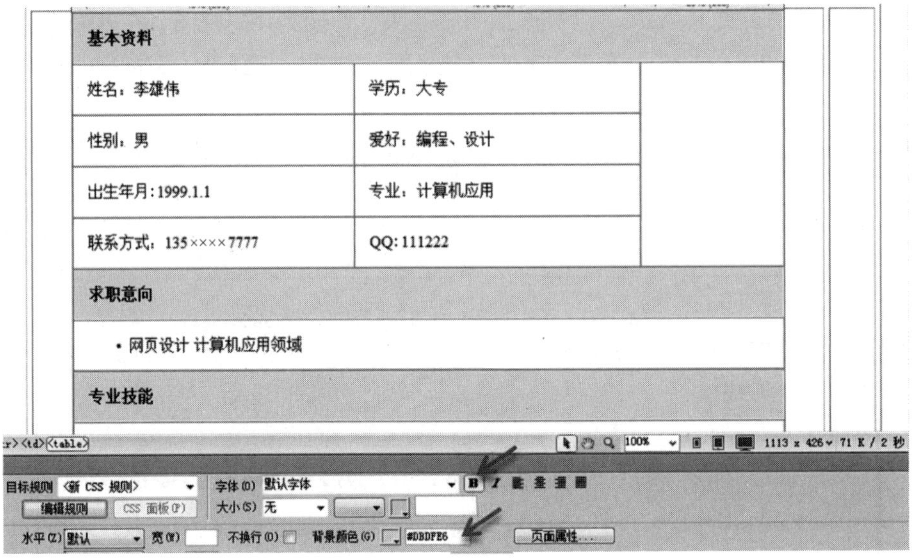

图 3-2-23　"属性"面板

STEP 5：最后在填写照片处导入图片素材 photo. jpg，并将第二行的最后一列设置背景颜色为 #00CCCC（与表头颜色统一），如图 3-2-24 所示。

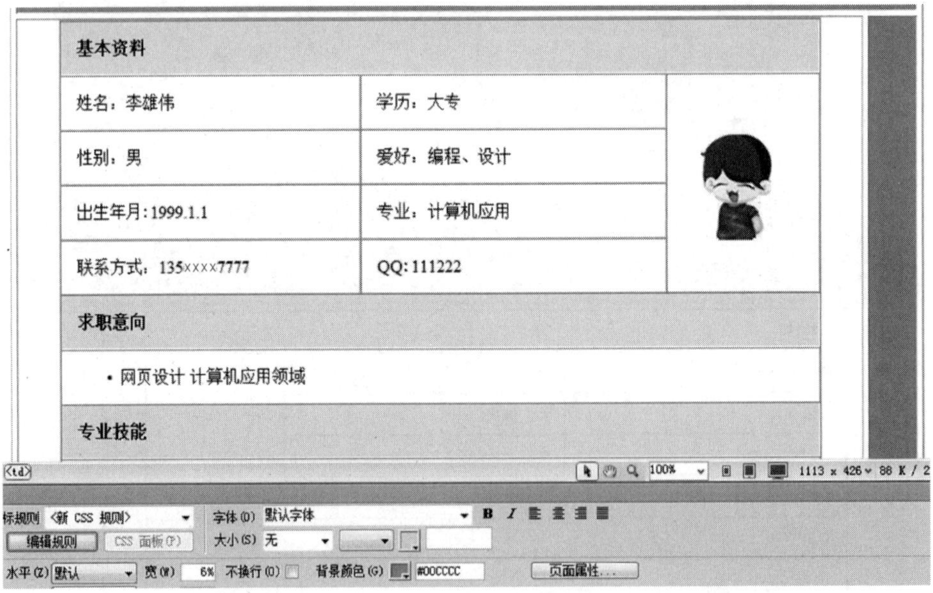

图 3-2-24　STEP 5 运行效果图

STEP 6：美化页脚。将光标移至页脚单元格，在下面的"属性"面板中将页脚的颜色也设置为 #00CCCC，并将文本大小设置为华文行楷，字体大小为 30 px，字体颜色为白色，对齐方式为居中对齐，如图 3-2-25 所示。

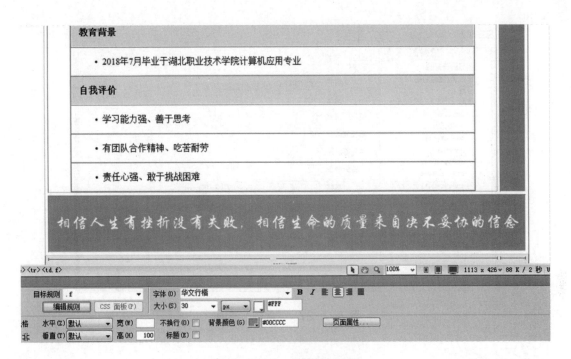

图 3-2-25 "属性"面板

STEP 7：设置网页的背景颜色为黑色，个人简历表格父容器单元格背景颜色为 #9BA5B9。

STEP 8：去掉内嵌在单元格中个人简历表格的边框线。选中内嵌表格，右击将弹出快捷菜单，如图 3-2-26 所示，单击"编辑标签"命令将会弹出"标签编辑器 -table"对话框，并在"常规"选项中，将边框线的值设为 0，如图 3-2-27 所示，最终的效果如图 3-2-1 所示。

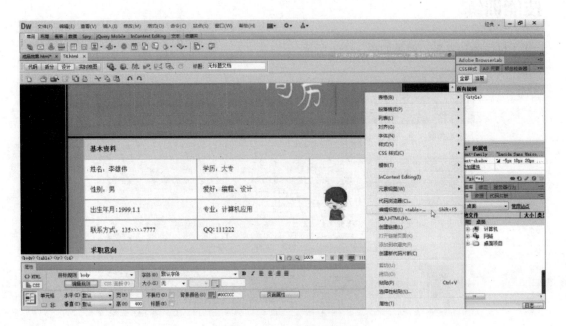

图 3-2-26 快捷菜单

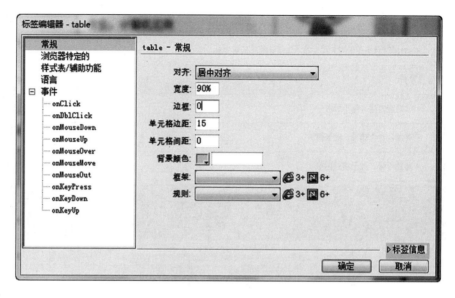

图 3-2-27 "常规"选项

整个项目共分两个任务，任务 1 主要完成个人简历表格框架的创建，训练表格的布局能力；任务 2 完成个人简历的美化任务，主要训练表格美化的基本技能。通过此项目的训练，将为下一项目的表单布局奠定基础。

‖ 技能训练

制作手机商品信息表，效果如图 3-3-1 所示。

商 品 信 息 表			
产品外观	产品型号	主要参数	参考报价
	OPPO RENO (8G RAM/全网通)	主屏尺寸：6.4英寸；主屏分辨率：2340x1080像素；后置摄像头：4800万像素+500万像素；前置摄像头：1600万像素；电池容量：3765mAh	¥3599
	华为P30 PRO （全网通）	主屏尺寸：6.47英寸；主屏分辨率：2340x1080像素；后置摄像头：4000万像素+2000万像素+80；前置摄像头：3200万像素；电池容量：4200mAh	¥5488
	苹果IPHONE XS Max(全网通)	主屏尺寸：6.5英寸；主屏分辨率：2688x1242像素；后置摄像头：双1200万像素广角及长焦镜；前置摄像头：700万像素；电池容量：3174mAh	¥8399

图 3-3-1 效果图

关键操作步骤提示：

①　创建宽度为 800 px 的 5 行 4 列的标题表格，如图 3-3-2 所示，并在设计视图中拖动表的高度为 55 px 左右即可，并选中表格，在"属性"栏中将表格对齐方式设置为居中对齐。

图 3-3-2　"表格"对话框

②　合并第一行的单元格，输入标题信息，并将其他单元格的图片及文字信息填写完整，接着选中图片，分别在"属性"栏中将图片的宽度设为 100 px。

③　新建 CSS 样式，设置标题 th 单元格的样式的背景图片为 bg. jpg，字体为华文中宋，字体大小为 24 px，字体颜色为白色，并在代码视图中为 th 单元格单独添加阴影样式（box-shadow：0px3px3pxblack；）。

④　新建 CSS 样式，并编辑规则，类选择器可命名为 . td1，设置背景颜色为 #E1E1E1（灰色），字体为黑体，字体大小为 20 px，字体对齐方式为居中，将此样式应用于第二行的字段名。

⑤　新建 CSS 样式，并编辑规则，类选择器可命名为 . td2，设置背景颜色为 #FFC66F，字体对齐方式为居中，将此样式应用于第三行和最后一行。

⑥　新建 CSS 样式，并编辑规则，类选择器可命名为 . td3，设置背景颜色为 #E1E1E1（灰色），字体对齐方式为居中，将此样式应用于第四行。

⑦　最后将表格的边框去掉，设置边框为 0，将报价值单独加粗即可，最后运行观察效果，如图 3-3-1 所示。

习　题

1. 填空题

（1）插入一张表格的快捷键是_____，_____键加单击可以选中一个单元格。

（2）若要将表格中的文本进行换行，需要使用_____快捷键来实现。

2. 选择题

（1）设置文字的居中对齐的属性值是（　　　）。

    A. left　　　　　　B. right　　　　　　C. center　　　　　　D. 都不对

（2）设置文本的加粗的属性是（　　　）。

    A. font-style　　B. font-size　　　C. font-weight　　D. font-family

（3）表格中跨列合并的属性是（　　　）。

    A. cols　　　　　B. colspan　　　　C. rows　　　　　D. rowspan

3. 问答题

（1）表格有哪些作用，请举例说明。

（2）谈谈通过本项目的学习，你有哪些收获？

4. 创作题

通过本项目所学的表格知识，自制一张本班级的创意课程表（可挑选自己喜欢的图片素材作为背景，自行创意）。

项目 4
制作摩托车改装会员注册登录页面

学习目标

1. 掌握如何运用 Div 盒子进行布局页面及基本参数设置，掌握如何创建表单及表单元素等。
2. 掌握美化表单的基本方法等。

技能目标

1. 能够使用 DIV+CSS 技术灵活布局。
2. 掌握表单的创建方法与美化技巧。

如何运用 Dreamweaver 开发工具来制作用户注册登录页面，为用户提供一个良好的互动环境和信息交互平台。通过本项目的学习，将了解并掌握使用 Div 标签进行布局，使用 form 表单中的元素搭建用户注册登录平台，掌握在 Dreamweaver CS6 中插入表单、美化表单的方法和操作技能。

任务 1 搭建网页表单框架

任务描述

使用 Dreamweaver CS6 开发工具在网页中创建表单页面，制作摩托车改装会员注册登录页面的基本框架，效果如图 4-1-1 所示。

知识链接

下面对任务 1 中涉及的知识点进行分块解析。

1. Div 容器 +CSS 面板布局

Div 容器相当于网页中的盒子模型，而 CSS 面板就是来美化模型的工具，DIV+CSS 布局优缺点如表 4-1-1 所示。

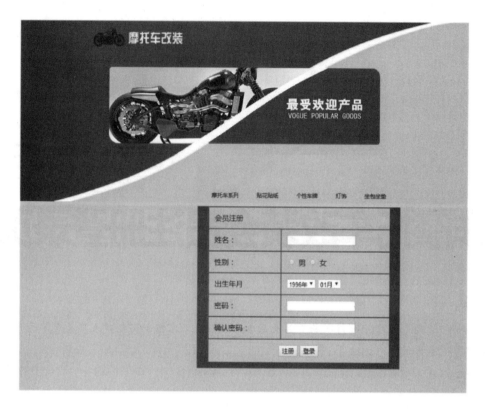

图 4-1-1　网页基础框架

表 4-1-1　Div+CSS 布局优缺点

优　　点	缺　　点
① 重构、修改页面更方便 ② 增加网页打开速度 ③ 内容与样式分离，管理更方便	① 开发技术要求高 ② 开发时间较长 ③ 开发页面成本相对 table 要高

2. 表单在网页中的作用

① 表单主要在网页中负责数据采集功能，对于用户而言是数据的录入和提交的界面。

② 表单对于网站而言是获取用户信息的途径。

3. 表单的组成

表单的组成主要有三大部分。

（1）表单标签

表单标签 <form></form>，用于申明表单，定义采集数据的范围，也就是 <form> 和 </form> 里面包含的数据将被提交到服务器或者电子邮件里。

（2）表单域

表单域包含了文本框、多行文本框、密码框、隐藏域、复选框、单选框和下拉选择框等，用于采集用户的输入或选择的数据。

（3）表单按钮

表单按钮控制表单的运行，主要包括提交按钮（书写格式 <input type="submit" name="mySent" value=" 提交 ">）、重置按钮（书写格式 <input type="reset" name="mySent" value=" 重置 ">）、普通按钮（书写格式 <input type="button" name=" 按钮 " value=" 普通 ">），主要是类型（type）里的值有区别。

4. 项目列表（ul）与列表项（li）

① 项目列表 ul 就是一个 Div 盒子中的一个小容器，它的列表项是 li，一般用来布局导航栏、图片列表等信息。

② 项目列表 ul 与列表项 li 位于"插入"面板的"文本"选项卡中，如图 4-1-2 所示。

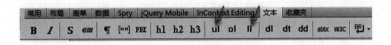

图 4-1-2　"插入"面板

③ 书写格式，如图 4-1-3 所示。

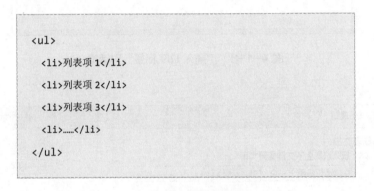

```
<ul>
  <li>列表项 1</li>
  <li>列表项 2</li>
  <li>列表项 3</li>
  <li>……</li>
</ul>
```

图 4-1-3　书写格式

5. 初识表单

以下运用制作登录页面案例展开，对表单的相关知识进行初步认识。效果如图 4-1-4 所示，实施过程如下：

STEP 1：在 Dreamweaver CS6 开发环境中新建一个名为 T5_test1. html 的网页。

STEP 2：在 T5_test1. html 网页中，插入一个 Div 标签，在"布局"工具栏中单击"插入 Div 标签"按钮，如图 4-1-5 所示，将会弹出一个"插入 Div 标签"的对话框，并将此 Div 盒子的 ID 选择器取名为 box，然后单击"新建 CSS 规则"按钮（为 #box 容器添加样式），如图 4-1-6 所示；将会弹出"新建 CSS 规则"对话框，如图 4-1-7 所示，单击"确定"按钮后将会弹出"#box 的 CSS 规则定义"对话框，设置背景颜色为 #C00，然后切换到"方框"选项，设置宽度为 300 px，高度为 300 px，

视频

制作登录页面

图 4-1-4　登录页面效果图

内边距 Padding 值为 0 px，外边距 Margin 值为 auto，如图 4-1-8 所示，单击"确定"按钮后自动返回到图 4-1-6，单击"确定"按钮后即可，这样在网页中就会出现一个宽度为 300 px，高度为 300 px 的深红色容器，并删除容器中默认的文字，效果如图 4-1-9 所示。

图 4-1-5　"插入 Div 标签"按钮

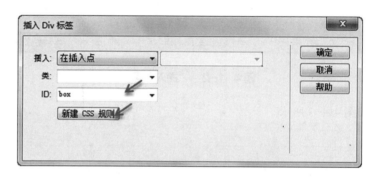

图 4-1-6　"插入 Div 标签"对话框

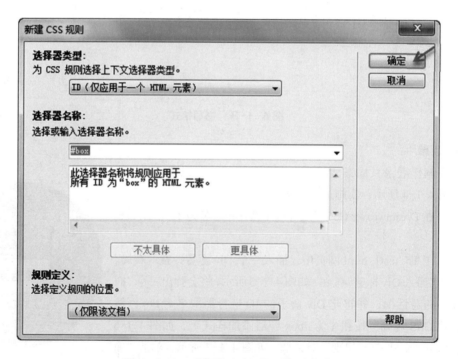

图 4-1-7　"新建 CSS 规则"对话框

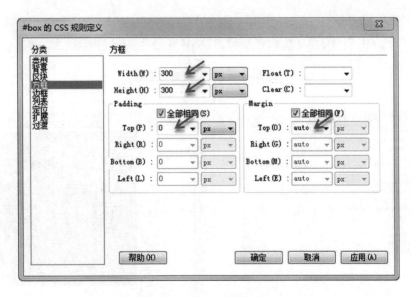

图 4-1-8　"方框"选项

STEP 3：切换到代码视图，为方块容器添加圆角效果。在代码区中为 #box 容器添加圆角样式的代码为 border-radius:150px;，如图 4-1-10 所示，（注：只要设置圆角半径是正方形宽度的一半，就会产生一个正圆），设置完后保存运行，即可在浏览中看到一个正圆的效果。

图 4-1-9　运行效果图

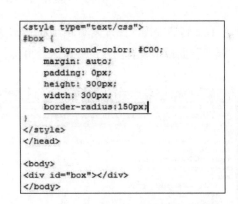

图 4-1-10　代码区

STEP 4：切换到拆分视图，将光标定位到 Div 容器中（保证光标在左视图的 Div 标签中间），向容器中添加表单标签，单击"表单"工具栏中的"表单"按钮，如图 4-1-11 所示，将光标定位在表单容器中，单击"文本"工具栏中的"段落"按钮，如图 4-1-12 所示，即在表单容器中出现一对 p 标签，即段落标签，如图 4-1-13 所示。

图 4-1-11　"表单"按钮

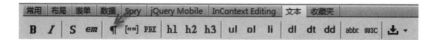

图 4-1-12　"段落"按钮

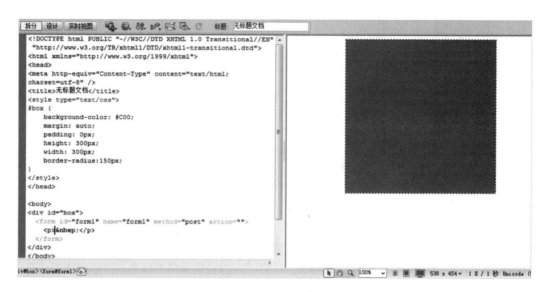

图 4-1-13　段落标签

STEP 5：在 p 容器中插入图片素材 person.png。单击"常用"工具栏的"图像"按钮，找到图片素材，并在下面"属性"面板中设置图片的宽度为 220 px，如图 4-1-14 所示。

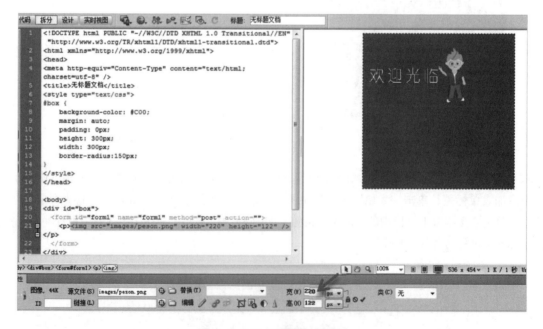

图 4-1-14　设置图片属性

STEP 6：设置 p 容器中的图片居中显示。单击"目标规则"下拉列表中的"< 新 CSS 规则 >"选项，单击"编辑规则"按钮，进入"新建 CSS 规则"对话框，在选择器名称框中输入"#box #form1 p"，如图 4-1-15 所示，单击"确定"按钮后将会弹出"#box #form1 p 的 CSS 规则定义"对话框，切换到"区块"选项，设置 Text-align（文本对齐）的属性值为 center（见图 4-1-16），单击"确定"按钮后运行效果如图 4-1-17 所示。

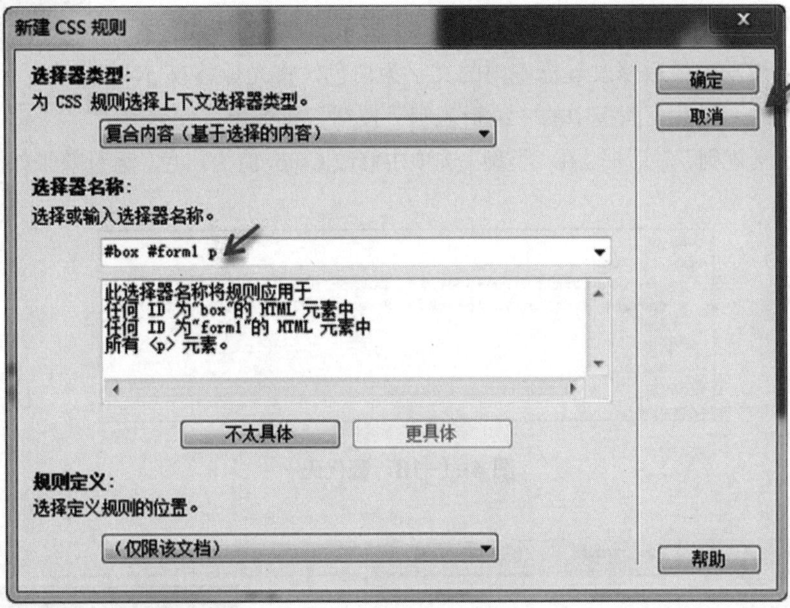

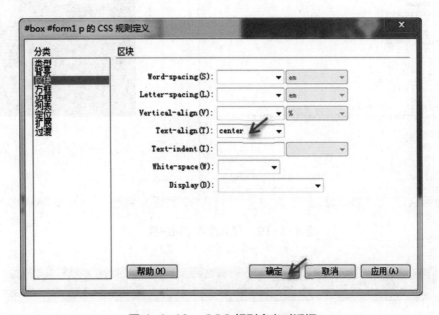

图 4-1-15　"新建 css 规则"对话框

图 4-1-16　CSS 规则定义对话框

STEP 7：切换到拆分视图，将光标定位到表单内、p标签外，如图4-1-18所示，然后在表单容器中的p标签后再添加一对段落标签，单击"文本"工具栏中的"段落"按钮（参照本案例中的STEP 4），即在表单容器中又出现一对p标签，在新建的p标签内输入文本"用户名："，如图4-1-19所示，接着在输入的文本后插入文本框，单击"表单"工具栏中的"文本字段"按钮，如图4-1-20所示，将会弹出"输入标签辅助功能属性"对话框，在ID选择器文本框中输入txt，如图4-1-21所示，单击"确定"按钮后文本框插入成功，最后修改p标签内的文字为白色，将光标移在p标签内，单击下面的"属性"面板中的"编辑规则"按钮，将弹出"#box

图4-1-17　运行效果图

#form1 p的CSS定义规则"对话框，在"类型"选项中修改Color值为白色，运行效果如图4-1-22所示。

```
<body>
<div id="box">
 <form id="form1" name="form1" method="post" action="">
  <p><img src="images/peson.png" width="220" height="122" />
  </p>

 </form>
</div>
</body>
```

图4-1-18　源代码

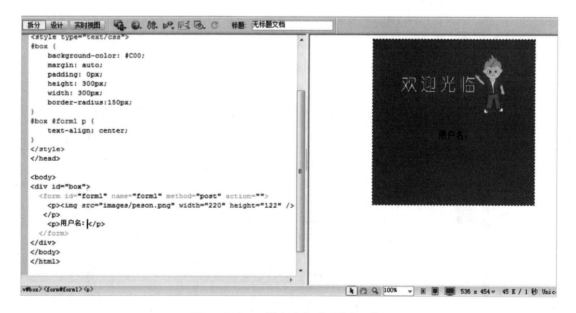

图4-1-19　输入文本"用户名："

图4-1-20　"文本字段"按钮

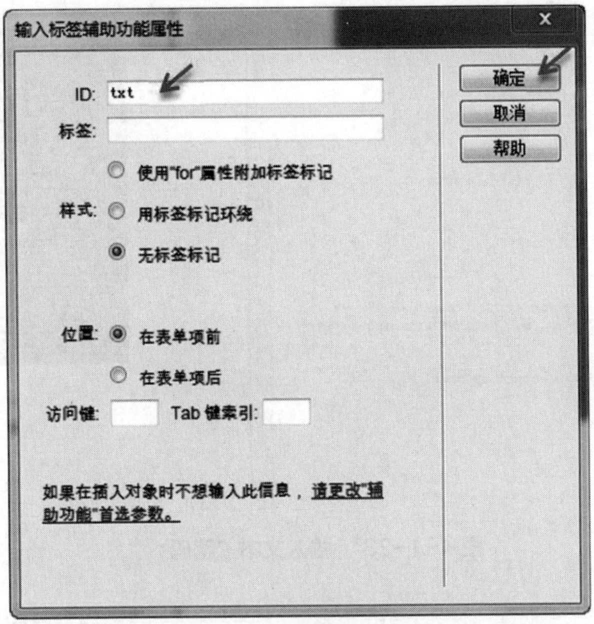

图 4-1-21　"输入标签辅助功能属性"对话框

图 4-1-22　STEP 7 运行效果图

STEP 8：在拆分视图，将光标定位到表单内，第二个 p 标签外，然后在表单容器中的第二个 p 标签后再添加第三个段落标签，单击"文本"工具栏中的"段落"按钮，即在表单容器中又出现一对 p 标签，在新建的 p 标签内输入文本"密码："，然后将光标定位在"密码"两个字的中间，如图 4-1-23 所示，接着插入两个空格（为了与上面的文本对齐），单击"文本"工具栏中的"空格"按钮，如图 4-1-24 所示，单击四次，插入四个空格，最后将光标移到文本的后面（文本冒号的后面）。接着插入密码框，单击"表单"工具栏中的"隐藏域"按钮，如图 4-1-25 所示，将会弹出"标签选择器 -input"对话框，在"类型"下拉列表框选择"密码"选项（类型为密码时，文本的内容将保密），设置名称为 pwd，密码的最大长度为 6，如图 4-1-26 所示，最后单击"确定"按钮后运行效果如图 4-1-27 所示。

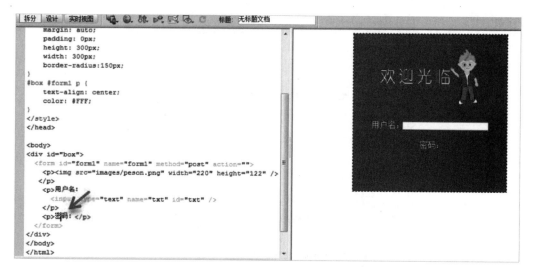

图 4-1-23　输入文本"密码："

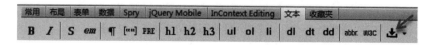

图 4-1-24　"空格"按钮

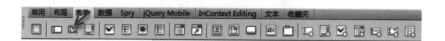

图 4-1-25　"隐藏域"按钮

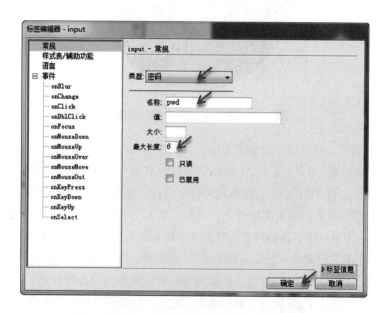

图 4-1-26　"标签选择器 –input"对话框

图 4-1-27　运行效果图

STEP 9：在拆分视图，将光标定位到表单内、第三个 p 标签外，然后在表单容器中的第二个 p 标签后再添加第四个 p 标签，单击"文本"工具栏中的"段落"按钮，即在表单容器中又出现一对 p 标签。在新建的 p 标签内分别插入两个按钮，单击"表单"工具栏中的"隐藏域"按钮，如图 4-1-25 所示，将会弹出"标签编辑器 -input"对话框，在"类型"下拉列表框选择"提交"选项（按钮类型为提交时，用户输入的数据将被直接送到服务器），名称为 btn1，值为"登录"，如图 4-1-28 所示，单击"确定"按钮即可。继续在登录按钮后添加重置按钮，单击"表单"工具栏中的"隐藏域"按钮，将会弹出"标签编辑器 -input"对话框，在"类型"下拉列表框选择"重置"选项（按钮类型为重置时，可以清空用户填写的信息，重新再输入），名称为 btn2，值为"重置"，如图 4-1-29 所示，最后单击"确定"按钮后运行，效果如图 4-1-30 所示。

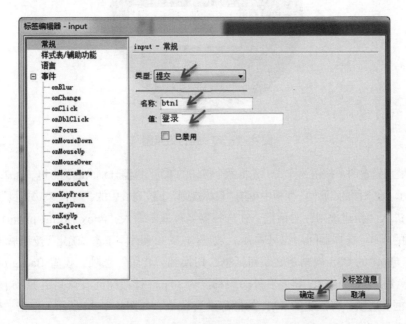

图 4-1-28　"标签编辑器 -input"对话框 btn1

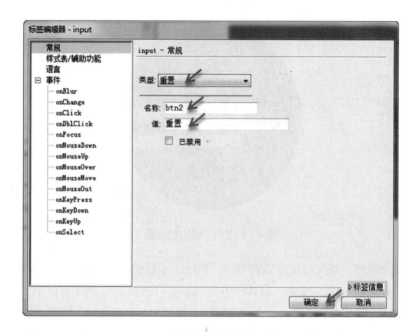

图 4-1-29　"标签编辑器 –input"对话框 btn2

图 4-1-30　运行效果图

STEP 10：最后设置两个按钮的样式。先将两个按钮的 ID 选择器分别命名为 btn1、btn2，添加的代码内容如图 4-1-31 所示，在下面的"属性"面板中单击"目标规则"下拉列表中的"< 新 CSS 规则 >"选项，单击"编辑规则"按钮，进入"新建规则"对话框，在选择器名称框中输入"#box #form1 p#btn1，#btn1"（同时设置两个按钮的样式，选择器间用逗号隔开），如图 4-1-32 所示，单击"确定"按钮后将会弹出"#box #form1 p #btn1，#btn1 的 CSS 规则定义"对话框，切换到"背景"选项，设置 Background-color 值为 #FAA700，再切换到"方框"选项，将左右外边距都设为 30 px（让按钮间有点间距），如图 4-1-33 所示，然后切换到"边框"选项，将框线的 Style 的值都设为 none，如图 4-1-34 所示，单击"确定"按钮后，最终本案例运行效果如图 4-1-4 所示。

```
     <p><input name="btn1" type="submit" value="登陆" id="btn1"/>
<input name="btn2" type="reset" value="重置" id="btn2" /></p>
  </form>
</div>
</body>
```

图 4-1-31　命名 ID 选择器 btn1、btn2

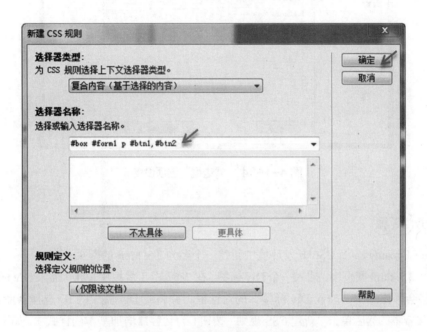

图 4-1-32　"新建 CSS 规则"对话框

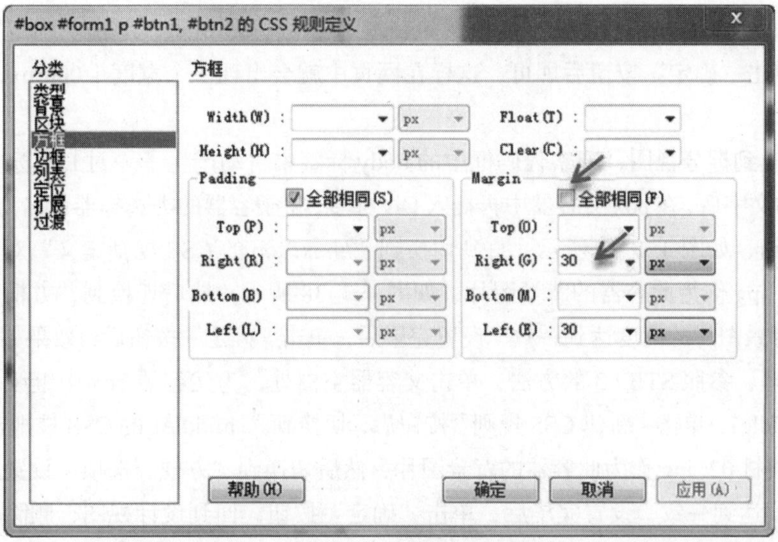

图 4-1-33　CSS 规则定义对话框

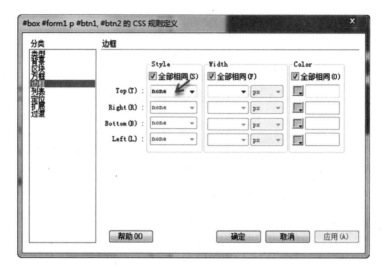

图 4-1-34　　"边框"选项设置

任务实施

STEP 1：在 Dreamweaver CS6 开发环境中新建一个名为 T5. html 的网页。

STEP 2：在 T5. html 网页中，插入一个 Div 标签。在"布局"工具栏中单击"插入 Div 标签"按钮（见图 4-1-5），将会弹出一个"插入 Div 标签"的对话框，并将此 Div 盒子的 ID 选择器命名为 box，作为整个网页的父容器，然后单击"新建 CSS 规则"按钮（为父容器增加基本的样式），如图 4-1-6 所示，弹出"新建 CSS 规则"对话框，如图 4-1-7 所示，单击"确定"按钮后将会弹出"#box 的 CSS 规则定义"对话框，暂时设置背景颜色为灰色，然后切换到"方框"选项，设置宽度为 1000 px，高度为 800 px，内边距 Padding 值为 0 px，外边距 Margin 值为 auto，如图 4-1-35 所示，单击"确定"按钮后自动返回到图 4-1-6，单击"确定"按钮后即可，这样在网页中就会出现一个宽度 1 000 px，高度 800 px 的灰色容器。

STEP 3：切换到拆分视图，观察代码框中的 body 标签中自动产生了一对 Div 标签，如图 4-1-36 所示，删除默认的文字后，在 box 父容器中再插入 Div 标签，将子容器的类选择器命名为 top，再单击"新建 CSS 规则"按钮，如图 4-1-37 所示，直到切换到"#box. top 的 CSS 规则定义"对话框中，将准备好的图片素材 01. jpg 作为此容器的背景图片，如图 4-1-38 所示，然后切换到"方框"选项，设置高度为 100 px，与背景图片的高度达到一致，设置完毕后，单击"确定"按钮后，效果如图 4-1-39 所示。

STEP 4：同理，参照 STEP 3 的方法，单击父容器空白处，为父容器 box 中继续增加子容器，类选择器命名为 middle1，单击"新建 CSS 规则"按钮后，切换到". middle1 的 CSS 规则定义"对话框中，将准备好的图片素材 02. jpg 作为此容器的背景图片，然后切换到"方框"选项，设置高度为 187 px，与背景图片的高度达到一致，设置完毕后，单击"确定"按钮，回到设计视图，删除容器中多余的文字后效果如图 4-1-40 所示。

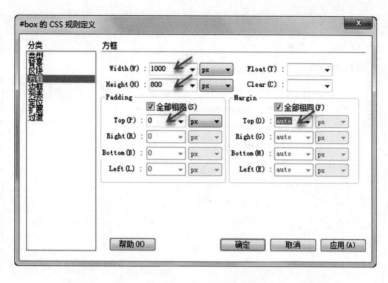

图 4-1-35　"#box 的 CSS 规则定义"对话框

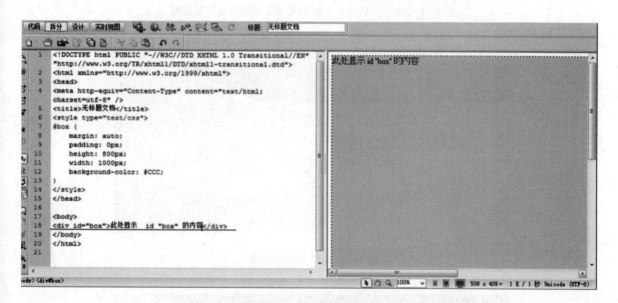

图 4-1-36　拆分视图

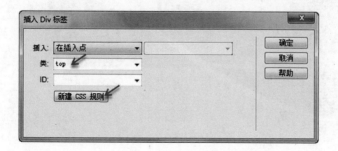

图 4-1-37　"插入 Div 标签"对话框

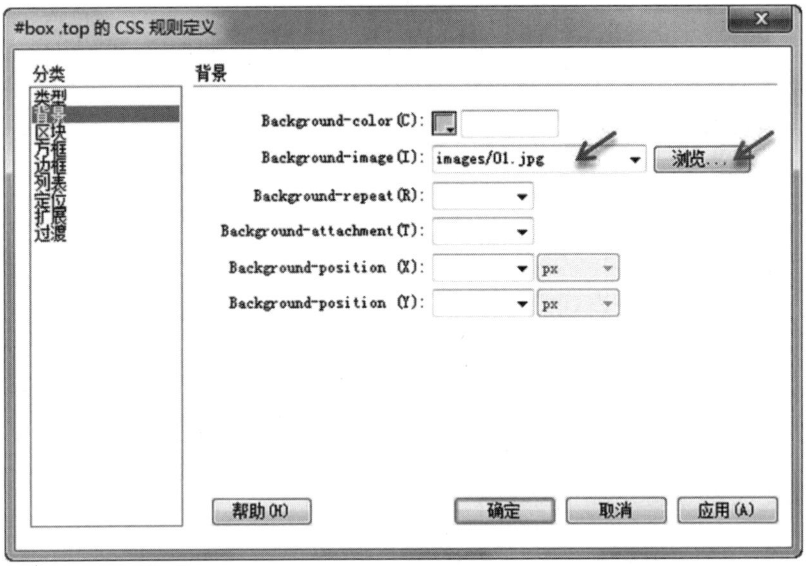

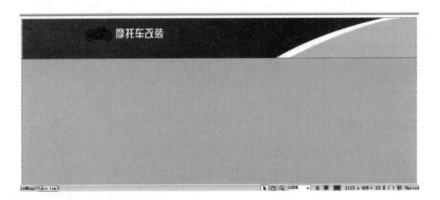

图 4-1-38 "#box.top 的 CSS 规则定义"对话框

图 4-1-39 运行效果图

图 4-1-40 删除容器中多余的文字后效果图 1

STEP 5：同理，参照 STEP 3 的方法，单击父容器空白处，为父容器 box 中继续增加子容器，类选择器命名为 middle2，单击"新建 CSS 规则"按钮后，切换到"．middle2 的 CSS 规则定义"对话框中，将准备好的图片素材 03. jpg 作为此容器的背景图片，然后切换到"方框"选项，设置高度为 104 px，与背景图片的高度达到一致，设置完毕后，单击"确定"按钮，回到设计视图，删除容器中多余的文字后效果如图 4-1-41 所示。

STEP 6：同理，参照 STEP 3 的方法，单击父容器空白处，为父容器 box 中继续增加子容器，类选择器命名为 content，单击"新建 CSS 规则"按钮后，切换到"．content 的 CSS 规则定义"对话框中，将背景颜色设置为 #ffcc35，如图 4-1-42 所示，然后切换到"方框"选项，设置宽度为 1 000 px，高度为 400 px（父容器剩余的高度只有 409 px，留出 9 px 作为离上面子容器的空白间隙），离上面容器的间距为 9 px，如图 4-1-43 所示，设置完毕后，单击"确定"按钮，回到设计视图，删除容器中多余的文字后，运行在浏览器中的效果如图 4-1-44 所示。

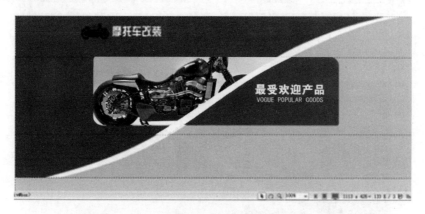

图 4-1-41　删除容器中多余的文字后效果图 2

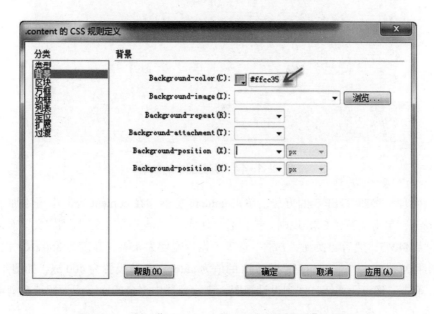

图 4-1-42　"．content 的 CSS 规则定义"对话框

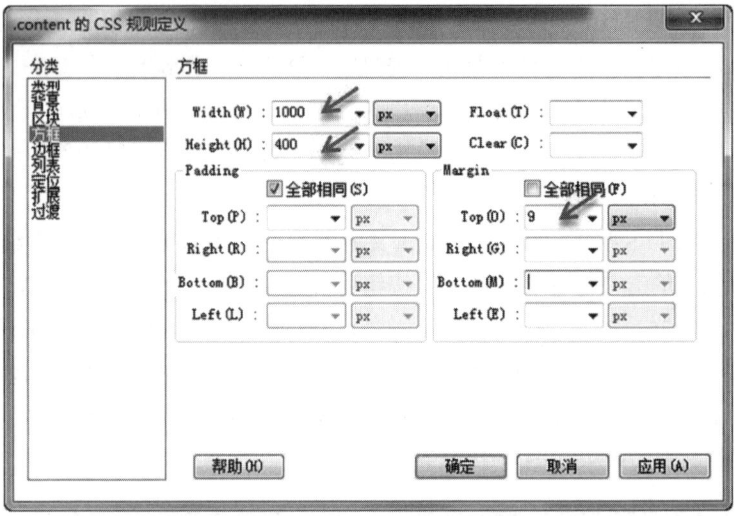

图 4-1-43　"方框"选项

图 4-1-44　浏览器中的效果

STEP 7：同理，参照 STEP 3 的方法，单击 content 容器，在 content 容器中再添加子容器，类选择器命名为 login，单击"新建 CSS 规则"按钮后，切换到".login 的 CSS 规则定义"对话框中，将背景颜色设置为 #3f4045，然后切换到"方框"选项，设置宽度为 45%，高度为 350 px，内边距 Padding 为 0 px，外边距 Margin 的 Top、Right、Bottom 的值为 auto，left 值设置为 400 px，如图 4-1-45 所示，设置完毕后，单击"确定"按钮，回到设计视图，删除容器中多余的文字后，运行在浏览器中的效果如图 4-1-46 所示。

STEP 8：切换到 middle2 容器中，为 middle2 容器中添加子容器 ul，并添加子列表项 li。操作步骤：单击"文本"工具栏中的 ul 按钮，如图 4-1-47 所示，就会在 middle2 容器中出现一个圆点的项目标记，并添加文字"摩托车系列"，然后按【Enter】键继续添加列表项，共五个列表项，如图 4-1-48 所示。

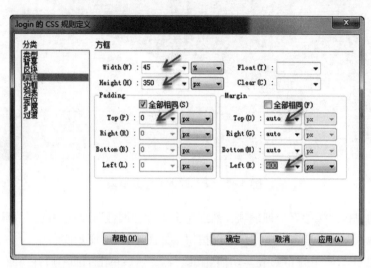

图 4-1-45　".login 的 CSS 规则定义"对话框

图 4-1-46　STEP 7 运行效果图

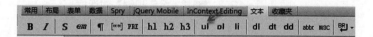

图 4-1-47　"文本"工具栏

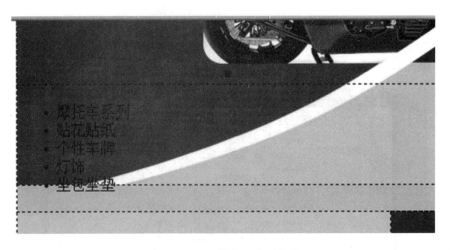

图 4-1-48　输入五个列表项

STEP 9：拖动鼠标，选中五个列表项，然后单击下面"属性"面板中的"编辑规则"按钮，在弹出的"新建 CSS 规则"对话框中单击"确定"按钮，如图 4-1-49 所示。

STEP 10：单击工具栏中的 ul 按钮，切换到 ul 容器，然后单击下面"属性"面板中的"编辑规则"按钮，进入"#box. middle2 ul 的 CSS 规则定义"对话框，切换到"方框"选项，为 ul 容器设置外边距 Margin 的 Left 值为 370 px，其他三个值都为 auto，如图 4-1-50 所示。

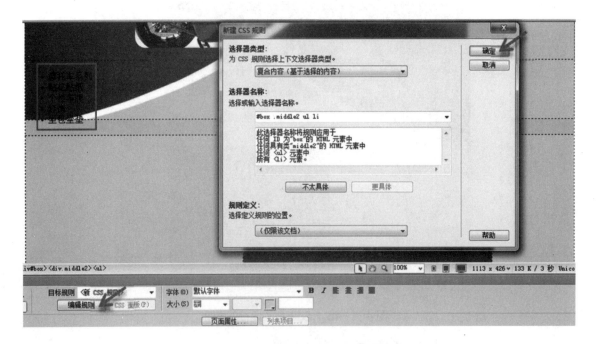

图 4-1-49　　"新建 CSS 规则"对话框

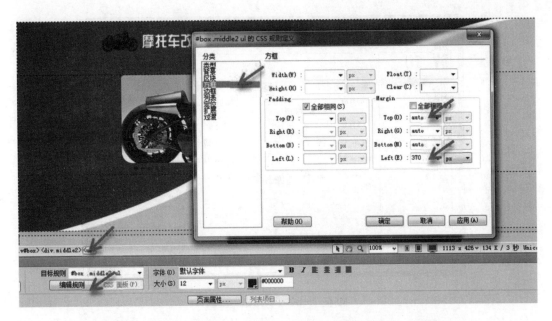

图 4-1-50　"#box .middle2 ul 的 CSS 规则定义"对话框

STEP 11：参照 STEP 10 的方法，单击工具栏中的 li 按钮，切换到 ul 容器中的 li 列表项，然后单击下面"属性"面板中的"编辑规则"按钮，为 li 子容器设置样式，在"类型"选项中设置字体大小为 12 px，如图 4-1-51 所示，切换到"方框"选项，设置 Float 的值为 left（让五个列表项横向显示），同时设置内边距 Padding 的 Left 与 Right 值都为 20 px，外边距 Margin 的 Top 值为 80 px，如图 4-1-52 所示，最后切换到"列表"选项，设置 List-style-type 的值为 none，如图 4-1-53 所示，设置完毕后运行效果如图 4-1-54 所示。

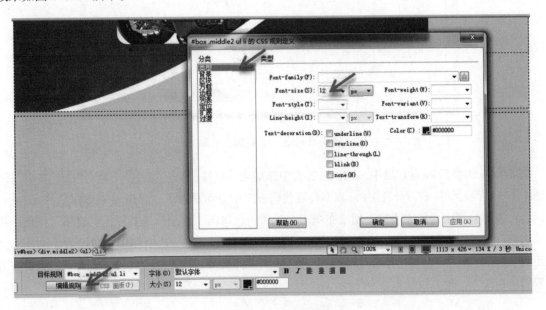

图 4-1-51　状态栏 li

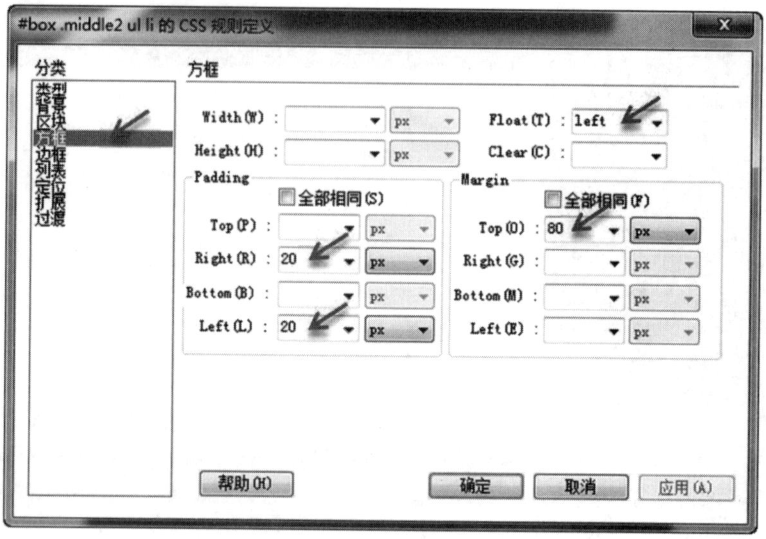

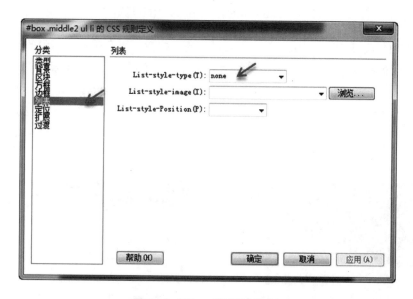

图 4-1-52 "方框"选项

图 4-1-53 "列表"选项

STEP 12: 切换到 login 容器中, 在 login 容器中添加表单标签, 单击"表单"工具栏中的"表单"按钮, 如图 4-1-55 所示, 切换到拆分视图后, 观察发现代码视图中自动添加了一对 form 表单标签, 如图 4-1-56 所示, 在表单容器中再插入表格 (用来布局表单元素), 单击"常用"工具栏的"表格"按钮, 将弹出"表格"对话框, 设置行数为 7, 列数为 2, 表格的宽度为 90%, 边框粗细暂时设为 1 px, 单元格边距为 12 px, 如图 4-1-57 所示, 设置完毕后, 回到设计视图, 在下面"属性"面板中, 将对齐方式设置为居中对方, 效果如图 4-1-58 所示。

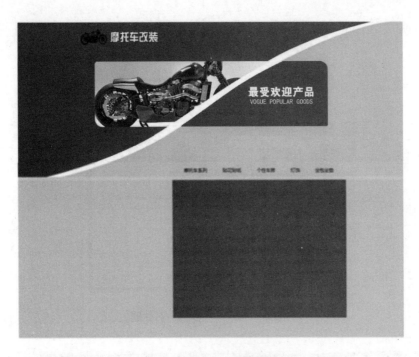

图 4-1-54　运行效果图

图 4-1-55　"表单"按钮

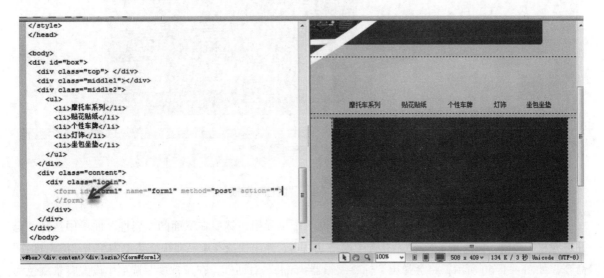

图 4-1-56　拆分视图

图 4-1-57　"表格"对话框

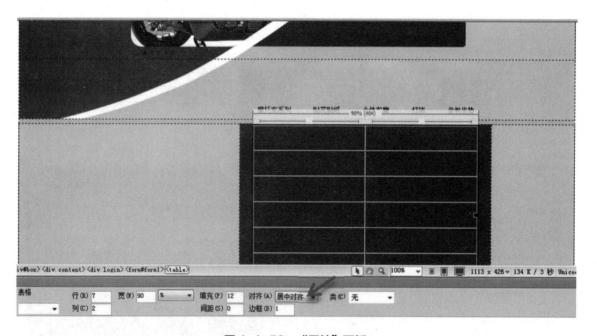

图 4-1-58　"属性"面板

STEP 13：拖动鼠标选中表格中的第一行的两个单元格，然后在下面的"属性"面板中选择"合并单元格"按钮，如图 4-1-59 所示，选中表格并右击，弹出快捷菜单，在快捷菜单中单击"编辑标签"命令，如图 4-1-60 所示，将会弹出"标签编辑器 -table"对话框，在"常规"选项中设置背景颜色为 #ffcc35，如图 4-1-61 所示，单击"确定"按钮后，分别在表格单元格中输入文字信息，并在下面"属性"面板中设置左列单元格的宽为 40%，如图 4-1-62 所示。

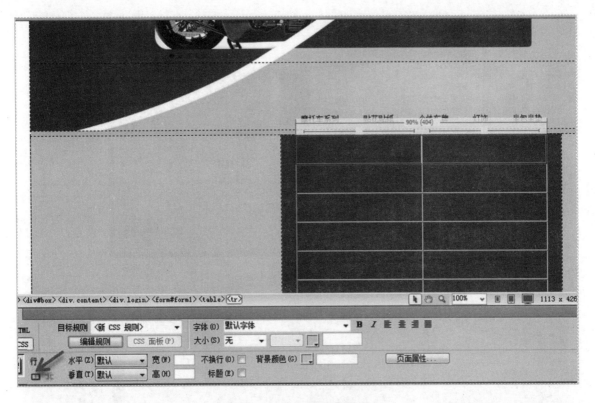

图 4-1-59 "属性"面板

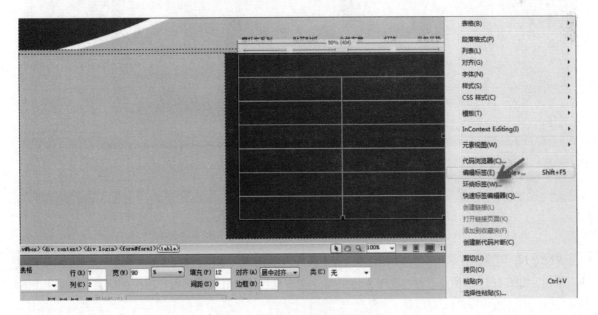

图 4-1-60 "编辑标签"命令

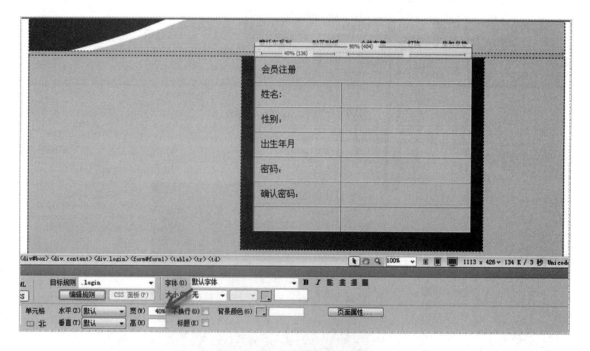

图 4-1-61　"常规"选项

图 4-1-62　设置左列单元格

　　STEP 14：切换到姓名所对应的右列单元格，插入表单元素文本框控件，单击"表单"工具栏中的"文本"按钮，如图 4-1-63 所示，即可在单元格中插入文本框控件，用来接收用户输入的信息，如图 4-1-64 所示。

　　STEP 15：切换到性别所对应的右列单元格，插入表单元素单选按钮控件，单击"表单"工具栏中的"单选"按钮，如图 4-1-65 所示，将弹出"输入标签辅助功能属性"对话框，ID 值命名为 sex，如图 4-1-66 所示，单击"确定"按钮后，在单元格中将出现一个单选按钮的控件，并在控件后添加文字信息"男",同样的方法,在后面再添加一个单选按钮,ID 值命名为 sex(这样将两个单选按钮划分为一组),同样也添加文字信息"女",最终效果如图 4-1-67 所示。

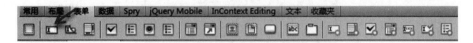

图 4-1-63　"文本"按钮

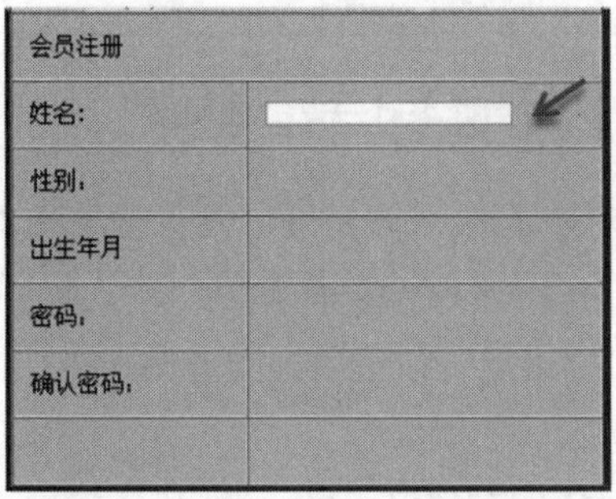

会员注册	
姓名:	
性别:	
出生年月	
密码:	
确认密码:	

图 4-1-64　插入文本框控件

图 4-1-65　"单选"按钮

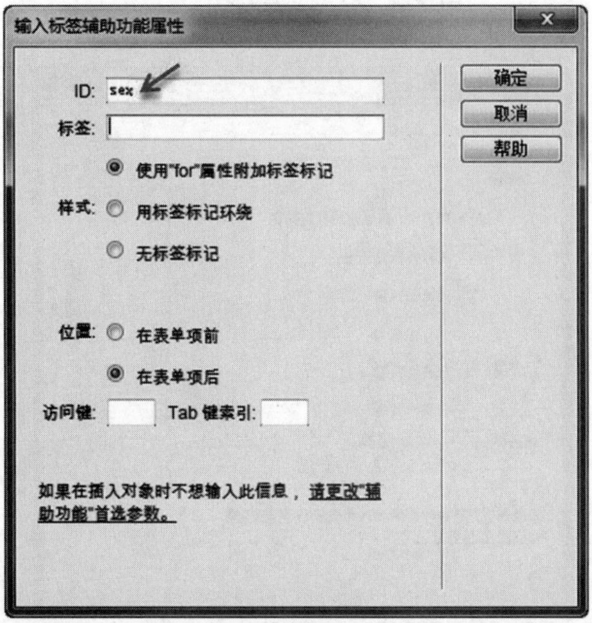

图 4-1-66　"输入标签辅助功能属性"对话框

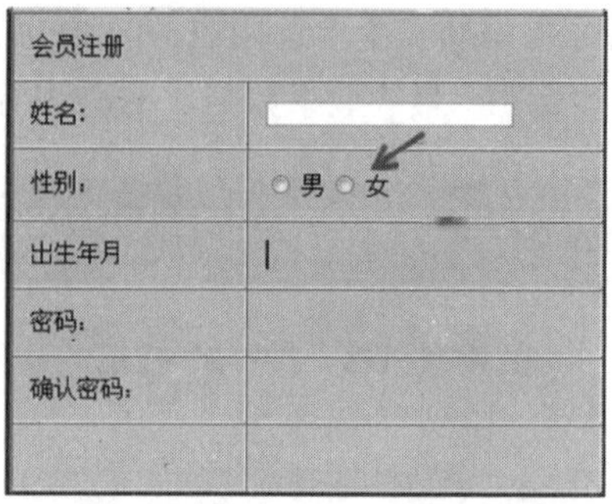

<table>
<tr><td colspan="2">会员注册</td></tr>
<tr><td>姓名：</td><td></td></tr>
<tr><td>性别：</td><td>○ 男 ○ 女</td></tr>
<tr><td>出生年月</td><td>|</td></tr>
<tr><td>密码：</td><td></td></tr>
<tr><td>确认密码：</td><td></td></tr>
<tr><td></td><td></td></tr>
</table>

图 4-1-67　效果图

STEP 16：切换到出生年月所对应的右列单元格，插入表单元素下拉列表控件，单击"表单"工具栏中的"选择列表"按钮，如图 4-1-68 所示，将弹出"输入标签辅助功能属性"对话框，ID 值命名为 year，如图 4-1-69 所示，单击"确定"按钮后回到设计视图，选中下拉列表控件，在下面的"属性"面板中设置年份，如图 4-1-70 所示。

STEP 17：切换到出生年月所对应的右列单元格，光标定位在年份控件的后面，插入表单元素下拉列表控件，单击"表单"工具栏中的"选择列表"按钮，如图 4-1-68 所示，将弹出"输入标签辅助功能属性"对话框，ID 值命名为 month（步骤可参照 STEP 16），单击"确定"按钮后回到设计视图，选中下拉列表控件，在下面的"属性"面板中设置月份（步骤可参照 STEP 16），最终效果如图 4-1-71 所示。

图 4-1-68　"选择列表"按钮

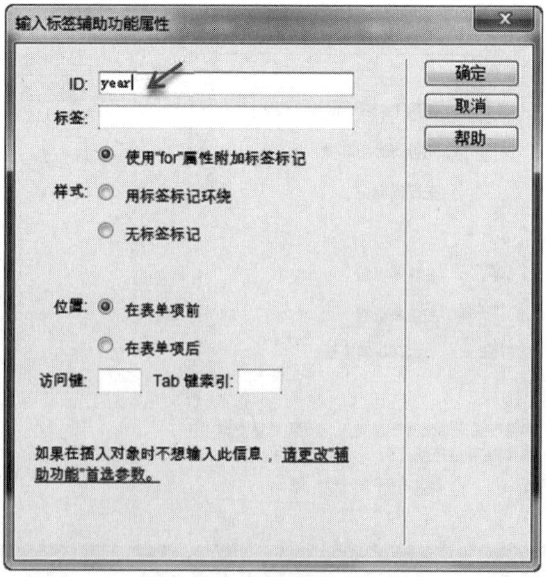

图 4-1-69　"输入标签辅助功能属性"对话框

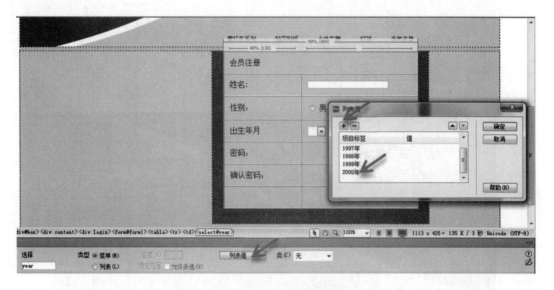

图 4-1-70　设计视图

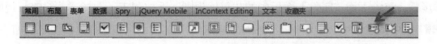

图 4-1-71　效果图

STEP 18：切换到密码所对应的右列单元格，插入表单元素验证确认密码控件（此控件与文本框的区别就是隐藏了密码，以圆点代替），单击"表单"工具栏中的"spry 验证选择"按钮，如图 4-1-72 所示，将弹出"输入标签辅助功能属性"对话框，ID 值命名为 pwd，单击"确定"按钮后即可产生一个密码控件。

图 4-1-72　"spry 验证选择"按钮

STEP 19：切换到确认密码所对应的右列单元格，插入表单元素验证确认密码控件，单击"表单"工具栏中的"spry 验证确认"按钮，如图 4-1-73 所示，将弹出"输入标签辅助功能属性"对话框，ID 值命名为 pwd，单击"确定"按钮后即可产生一个密码确认控件，最后在浏览器中运行，任意输入注册信息如图 4-1-74 所示。

图 4-1-73　"spry 验证确认"按钮

图 4-1-74　任意输入注册信息效果图

　　STEP 20：合并最后一行，在最后一行中插入两个按钮，单击"表单"工具栏的按钮控件，如图 4-1-75 所示，将弹出"输入标签辅助功能属性"对话框，ID 值命名为 btn1（步骤可参照 STEP 16），单击"确定"按钮后回到设计视图，将按钮上的"提交"文字改为"注册"，如图 4-1-76 所示，同样的方法添加一个"登录"按钮，ID 值取名为 btn2。

　　STEP 21：单击最后一个放置按钮的单元格，为此单元格单独添加类选择器，使得两个按钮能够居中显示。操作步骤：单击下面"属性"面板中的"目标规则"下拉列表，选择"< 新 CSS 规则 >"选项，然后单击"编辑规则"按钮，将会弹出"新建 CSS 规则"对话框，在 td 标签选择器后缀中添加一个类选择器，名为 .btn，如图 4-1-77 所示，单击"确定"按钮后进入"CSS 规则定义"对话框，切换到"区块"选项，设置文字对齐方式 Text-align 的值为 center，如图 4-1-78 所示，设置完毕后最终运行效果如图 4-1-1 所示。

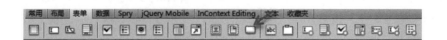

图 4-1-75　按钮控件

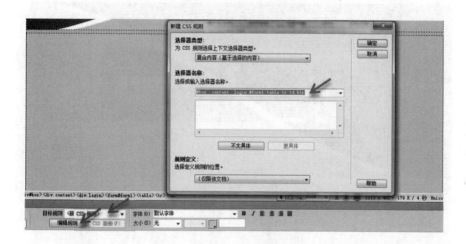

图 4-1-76　设计视图

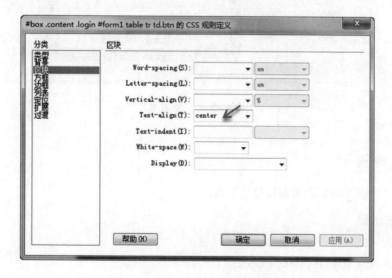

图 4-1-77　添加类选择器

图 4-1-78　设置 CSS 规则定义

💬 **说明**：以上 21 个步骤初步完成了表单的基本框架，通过操作认识到 Div 标签可以用来完美布局，ul 标签与 li 标签可以布局导航栏中的文字信息，表单用来接收用户信息的接口。最后为了表单页面呈现的外观效果更好，将在任务 2 中完成对表单页面的美化操作。

▌ 任务 2　美化表单页面

🖥️ 任务描述

使用 Dreamweaver CS6 开发工具美化会员注册登录页面，效果如图 4-2-1 所示。

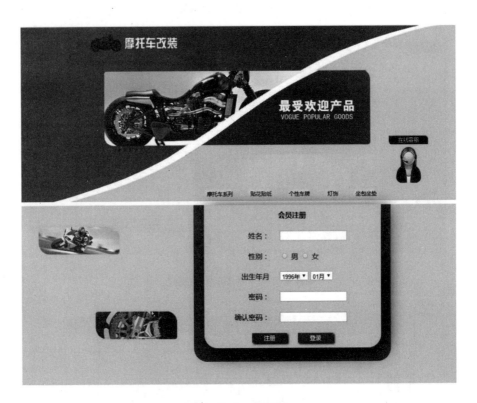

图 4-2-1　效果图

✏️ 知识链接

下面对任务 2 中涉及的知识点进行分块解析。

网页中的阴影效果

（1）盒子阴影效果

代码：box-shadow:10px 10px 60px black;

（2）文字阴影效果。

代码：text-shadow:-3px -3px 20px white;

具体的代码含义可以查找项目 2 中的知识描述。

任务实施

STEP 1：在 middle2 容器的右边添加悬浮 Div 标签（也称 AP Div 标签）。单击"布局"工具栏中的"绘制 AP Div 标签"按钮，如图 4-2-2 所示，然后在指定的位置拖动定位 AP Div 浮动容器的位置，并在容器中添加图片素材 3.png，调整好位置后如图 4-2-3 所示。

图 4-2-2　"绘制 AP Div 标签"按钮

图 4-2-3　添加图片素材 3.png

STEP 2：设置父容器背景颜色为白色，并参照 STEP 1，以同样的方法插入两个浮动 AP Div 容器，并在其中分别添加图片素材 1.png 与 2.png，调整好位置后如图 4-2-4 所示。

STEP 3：将文字"会员注册"居中并加粗。将光标定位到表格中的第一行，在下面"属性"面板中的"目标规则"下拉列表中选中 .btn 样式（将会套用 .btn 样式中的居中样式），然后单击"属性"

面板中的字体"加粗"按钮,如图 4-2-5 所示。

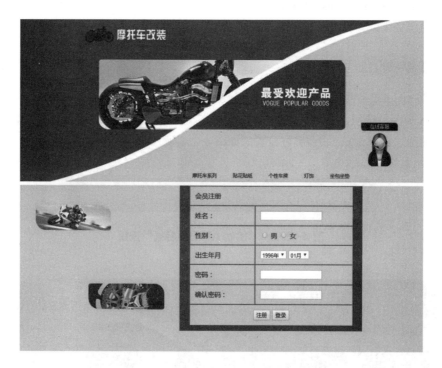

图 4-2-4　添加图片素材 1. png 与 2. png

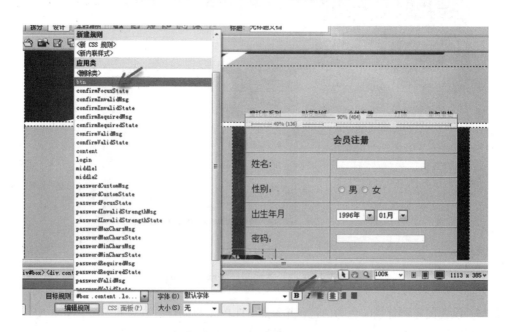

图 4-2-5　"属性"面板

STEP 4:将表格中未合并的单元格的左列进行右对齐操作。将光标定位到姓名单元格,然后在下

面的 "属性" 面板中的 "目标规则" 下拉列表中选择 "＜新 CSS 规则＞" 选项，再单击面板上的 "编辑规则" 按钮，将弹出 "新建 CSS 规则" 对话框，在 td 标签选择器后添加类选择器 .left，如图 4-2-6 所示，单击 "确定" 按钮后跳转到 CSS 规则定义对话框中，切换到 "区块" 选项，将文字对齐方式 Text-align 值设为 right（右对齐），如图 4-2-7 所示，然后将其他所有左列的单元格都应用目标规则列表中的 .left 样式（其他的右列单元格都默认为左对齐，正好符合要求，不用再修改），最终运行效果如图 4-2-8 所示。

　　STEP 5：通过写代码的方式将表格的底部框都改为圆角。切换到代码视图，在内嵌样式表中添加代码，如图 4-2-9 所示。

图 4-2-6　左列进行右对齐操作

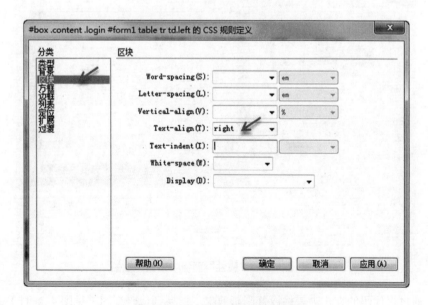

图 4-2-7　CSS 规则定义设置

图 4-2-8 运行效果图

```
#box .content .login #form1 table{
    border-bottom-left-radius: 30px;
    border-bottom-right-radius: 30px;
    }
</style>
```

图 4-2-9 代码视图

STEP 6：将表格的边框去掉，改为 0。选中表格，在下面的"属性"面板中将边框值改为 0，如图 4-2-10 所示。

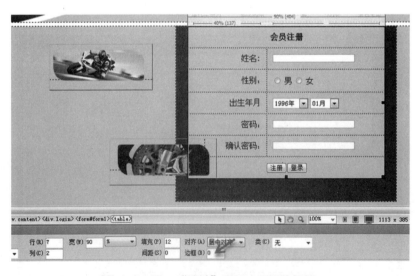

图 4-2-10 "属性"面板中设置边框值

STEP 7：通过写代码的方式为表格设置阴影效果。切换到代码视图（见图 4-2-11），在内嵌样式表中添加如下代码，添加完毕后运行效果如图 4-2-12 所示。

```
#box .content .login #form1 table{
    border-bottom-left-radius: 30px;
    border-bottom-right-radius: 30px;
    box-shadow: 10px 10px 60px black;
    }
</style>
```

图 4-2-11　代码视图

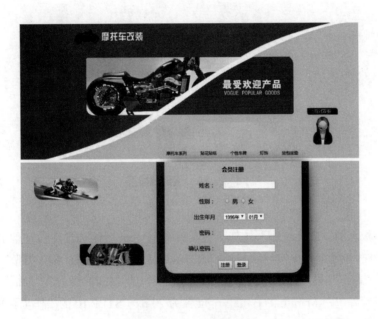

图 4-2-12　运行效果图

STEP 8：同理，通过写代码的方式设置 login 容器的圆角效果。切换到代码视图，在内嵌样式表中添加如下代码，如图 4-2-13 所示。

STEP 9：为 ul 容器中的子容器 li 添加文本阴影效果。切换到代码视图，在内嵌样式表中添加如下代码，如图 4-2-14 所示，通过 STEP 8 与 STEP 9 的美化步骤，最后在浏览器中的运行效果如图 4-2-15 所示。

```
#box .content .login {
    background-color: #3f4045;
    padding: 0px;
    height: 350px;
    width: 45%;
    margin-top: auto;
    margin-right: auto;
    margin-bottom: auto;
    margin-left: 400px;
    border-bottom-left-radius: 30px;
    border-bottom-right-radius: 30px;
}
```

```
#box .middle2 ul li {
    float: left;
    padding-right: 20px;
    padding-left: 20px;
    font-size: 12px;
    list-style-type: none;
    color: #000000;
    margin-top: 80px;
    text-shadow:-3px -3px 10px white;
}
```

图 4-2-13　代码视图　　　　　　　　　　**图 4-2-14　代码视图**

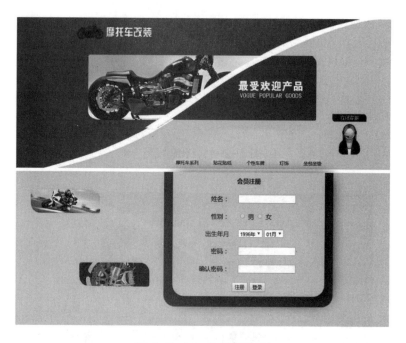

图 4-2-15　运行效果图

STEP 10：美化按钮。在下面"属性"面板中的"目标规则"下拉列表中选择"<新 CSS 规则>"选项，然后单击面板上的"编辑规则"按钮，在类选择器 .btn 后添加注册按钮的 ID 名称 #btn1，如图 4-2-16 所示，单击"确定"按钮后跳转到"CSS 规则定义"对话框，在"类型"选项中设置字体颜色 Color 为白色，在"背景"选项中设置按钮的背景颜色为 #3F4045，在"方框"选项中设置宽度 Width 为 80 px，设置外边距 Margin 的右边距 right 值为 20 px（STEP 10 的操作步骤参照以上样式设置的方法），设置完毕后最终效果如图 4-2-17 所示。

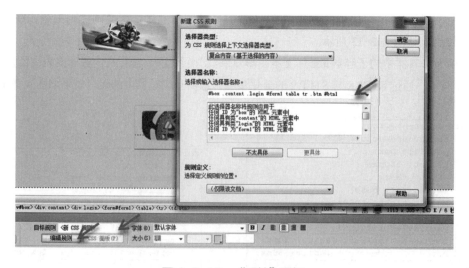

图 4-2-16　"属性"面板

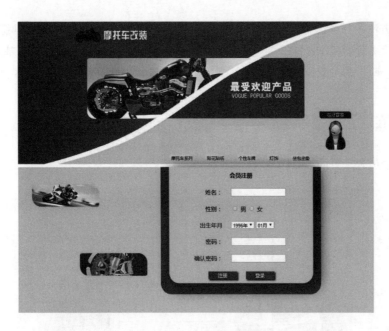

图 4-2-17　运行效果图

STEP 11：为按钮添加阴影效果，并去掉按钮边框色。切换到代码视图，在内嵌样式表中添加如下代码，如图 4-2-18 所示。

```
#box .content .login #form1 table tr .btn #btn1,#btn2{
        border:0px;
        box-shadow: 3px 3px 5px black;
    }
```

图 4-2-18　代码视图

STEP 12：因在添加表单元素的过程中，表格的高度有所变化，之前设置的圆角效果无法显示，是因为溢出的部分隐藏了圆角的效果。解决方案：切换到代码视图，在内嵌样式表中添加如下代码，如图 4-2-19 所示，将溢出的部分自动隐藏，设置完毕后项目最终运行效果如图 4-2-1 所示。

```
#box .content .login #form1 table{
        box-shadow: 10px 10px 60px black;
        border-bottom-left-radius:30px;
        border-bottom-right-radius:30px;
        overflow:hidden;
    }
```

图 4-2-19　添加代码设置自动隐藏

项目总结

整个项目共分两个任务，任务 1 主要完成摩托车改装会员注册页面框架的创建、训练表单及常用

表单元素的使用方法；任务 2 是完成摩托车改装会员注册页面的美化任务，主要训练表单与表格的综合应用及重现强化美化的基本技能。通过本项目的训练，将为后续的综合项目奠定基础。

✎ **备注**：表单元素一定要放在 form 表单标签内，否则数据无法提交到服务器。

▌技能训练

创建骑行游会员登录页面（见图 4-3-1）。

图 4-3-1　骑行游会员登录页面

关键操作步骤提示：

① 创建一个新的网页，为网页添加背景图片 bg. jpg。

② 在网页中插入 Div 容器，命名 ID 选择器为 #box，设置宽度为 800 px、高度为 600 px，并添加背景图片 bike. png，设置内边距 Padding-top 值为 190 px，其他的都为 0，外边距 Margin 值都为 auto，最后在 Div 容器中插入表单标签。

③ 在表单标签中创建宽度为 345 px 的 4 行 2 列的标题表格，选中整张表格，在下面"属性"面板中设置对齐方式为居中对齐，并在设计视图中将表格的第一行高度拖至 83 px 左右即可，然后合并第一行的两个单元格，最后输入文字信息"CYCLING-LOGIN"。

④ 切换设计视图，将表格的第二行、第三行的第一列宽度拖至 65 px 左右，在第二行的第一列中插入图标素材 user. png，并选中图片，在下面"属性"面板中将图片的宽度设为 50 px。

⑤ 在第二行的第二列中插入表单元素文本框，并将 ID 选择器命名为 txt，按钮值为 login。

⑥ 同样的方法，在第三行的第一列中插入图标素材 password. png，同样设置图片宽度为 50 px。

⑦ 在第三行的第二列中插入表单元素密码框，并将 ID 选择器命名为 pwd，按钮值为 reset。

⑧ 同时设置 #txt 与 #pwd 的样式（步骤可参照任务 1 知识链接中的登录案例），设置宽度为 245 px、高度为 50 px。

⑨ 切换到最后一行，将最后一行的单元格合并，并在单元中分别添加 "提交" 按钮和 "重置" 按钮，再分别设置按钮的值为 login 和 reset。

⑩ 为最后一行 tr 标签添加类选择器，命名为 btn（用代码添加即可），并为类选择器 btn 下的 input 标签添加样式（选择器全称：#box #form table. btn），设置按钮中的文字颜色为白色，背景颜色为 #2E527D，宽为 70 px，高为 30 px，并设置外边距 margin 的左边距、右边距都为 30 px，最后去掉按钮的框线即可。

📝**备注**：详细的操作步骤可参照本项目中讲解任务 1 的登录小案例。

习　题

1. 填空题

（1）表单主要在网页中负责_____功能，对用户而言是数据的录入与_____的界面。

（2）表单的组成主要有三大部分，分别是表单标签、_____和_____。

2. 选择题

（1）表单中的文本框是（　　）类型。

    A. text　　　　　　B. file　　　　　　　C. buttom　　　　　　D. 都不对

（2）表单中的密码框是（　　）类型。

    A. text　　　　　　B. password　　　　C. radio　　　　　　D. buttom

（3）下面（　　）属于表单域（多选）。

    A. 密码框　　　B. 文本框　　　　　C. 提交按钮　　　　D. 文件域

3. 问答题

（1）表单在网页中有哪些作用，请举例说明。

（2）谈谈通过本项目的学习，你有哪些收获。

4. 强化训练题

通过本项目所学的表单知识，创建淘宝网注册登录界面。

项目 5
制作"生日快乐"音乐卡片

如何运用 Dreamweaver CS6 来制作出图、文、声效果的电子卡片?通过本项目的学习,将了解网页制作中的 CSS3 动画特效制作,掌握在网页中制作 CSS3 动画及导入声音文件等技能。

任务 1　布局"生日快乐"卡片的静态效果

任务描述

庆祝生日是纪念一个人出生的日子,这一天对我们来说有着特殊的意义,而生日蛋糕与生日祝福则是每个人所期待的,为了表达我们对朋友、家人的爱,让我们来一起制作一张"生日快乐"电子贺卡吧!

任务 1 的主要内容是布局"生日快乐"电子卡片的静态效果,如图 5-1-1 所示。

图 5-1-1 "生日快乐"电子卡片

知识链接

下面对任务 1 中涉及的知识点进行分块解析。

1. "CSS 样式"面板

网页中各元素的样式设置与修改的面板,CSS 就是规范网页布局,如图 5-1-2 所示,选择器信息可以在"CSS 样式"面板中创建与展示。

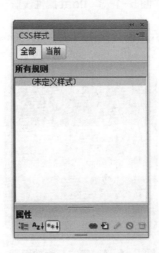

图 5-1-2 "CSS 样式"面板

2. 盒子的浮动 Float 属性

如何将多个块级元素放置于同一行内,并且能设置其高度与宽度属性?在 HTML 中,可以通过 Float 属性(见表 5-1-1)将块级元素向左或向右浮动,直至其外边缘碰到包含它的元素或另一个浮动元素的边框为止。多个浮动的元素可以显示在同一行内,浮动元素会脱离标准文档流,不占标准文档流中的位置,盒子浮动的设置面板如图 5-1-3 所示。

表 5-1-1　Float **浮动属性值**

属 性 值	功 能 说 明
left	左浮动（脱离标准文档流）
right	右浮动（脱离标准文档流）
none	清除浮动（会按照默认标准文档流的方式来处理）

说明：当出现浮动塌陷时，可以使用 `overflow: hidden;` 来解决此问题。

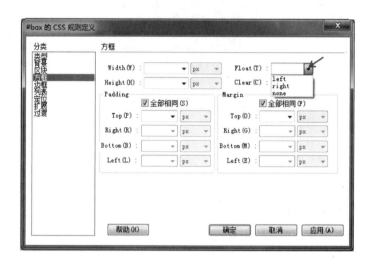

图 5-1-3　float 属性设置

【小试牛刀】：在网页中制作魔方正面效果图（见图 5-1-4）。

视频

制作魔方正面
效果

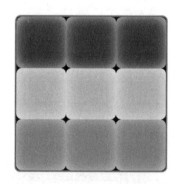

图 5-1-4　魔方正面效果图

STEP 1：打开 Dreamweaver CS6 开发工具，创建新网页，进入网页设计文档页面，单击"保存"按钮，或者使用快捷键【Ctrl+S】，保存为 T5_test1. html 网页文件。

STEP 2：切换到设计视图，在设计视图中插入 <div> 标签。将光标定位在设计视图文档页面左上角，然后在"插入"面板中的"布局"工具栏上单击"插入 Div 标签"按钮，如图 5-1-5 所示，将弹出"插入 Div 标签"对话框，在"类"工具栏下拉列表框中为类选择器命名为 box，再单击"新建 CSS 规则"

按钮,如图 5-1-6 所示,将弹出"新建 CSS 规则"对话框,单击"确定"按钮,即弹出".box 的 CSS 规则定义"对话框,切换到"背景"选项,设置背景颜色为黑色 #000,再切换到"方框"选项,设置宽为 300 px,高为 300 px,将 Padding 值设为 0,Margin 值为 auto(为了让 Div 盒子居中),如图 5-1-7 所示,接着切换到"边框"选项,设置 Style 的值为 solid(实线),Width 的值为 3 px,Color 的值为 #999,如图 5-1-8 所示,最后单击"确定"按钮,则返回到"插入 Div 标签"对话框,单击"确定"按钮,去掉 Div 盒子的默认文字,最终可在视图区看到一个黑色的带灰色边框的矩形。

图 5-1-5　"插入 Div 标签"按钮

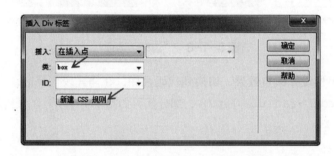

图 5-1-6　"插入 Div 标签"对话框

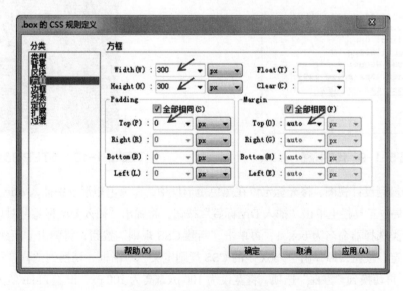

图 5-1-7　"方框"选项

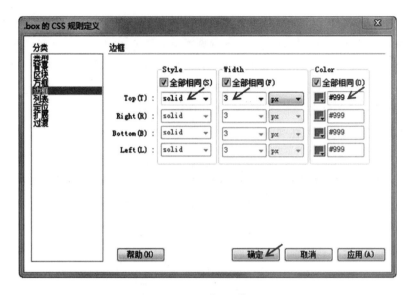

图 5-1-8　"边框"选项

STEP 3：为黑色矩形设置圆角效果，切换到代码视图，在样式表代码区，为类选择器.box 添加
10 px 的圆角半径（border-radius：10px），部分代码如图 5-1-9 所示，最后运行效果如图 5-1-10
所示。

```
<title>魔方制作</title>
<style type="text/css">
.box {
    background-color: #000;
    margin: auto;
    padding: 0px;
    height: 300px;
    width: 300px;
    border: 3px solid #999;
    border-radius:10px;
}
</style>
</head>
```

图 5-1-9　代码视图

图 5-1-10　STEP 3 运行效果图

STEP 4：切换到设计视图，将光标定位在黑色矩形框中，在黑色矩形框中插入 <div> 标签。在"插
入"面板的"布局"工具栏上单击"插入 Div 标签"按钮，将弹出"插入 Div 标签"对话框，在"类"
下拉列表框中为类选择器命名为 box_1，再单击"新建 CSS 规则"按钮，将弹出"新建 CSS 规则"对
话框，单击"确定"按钮，即弹出".box_1 的 CSS 规则定义"对话框，切换到"背景"选项，设置背
景颜色为 #C30；再切换到"方框"选项，将宽设为 100 px、高为 100 px，设置 Float 值为 left（左浮动，
让盒子横向显示），最后单击"确定"按钮，则返回到"插入 Div 标签"对话框，单击"确定"按钮，
去掉 Div 盒子的默认文字，最终可在视图区看到一个黑色的带灰色边框的矩形。

　说明：若子容器设置了左浮动（float：left；），那么当所有的子容器 Div 总宽度超过父

容器的宽度时，子容器会被挤下来，自动换行。

STEP 5：为新添加的子容器设置圆角效果，制作内阴影效果。切换到代码视图，在样式表代码区，为类选择器 .box_1 添加圆角半径为 10 px（border-radius:10px;），添加内阴影效果（box-shadow:inset 0px 0px 30px white;），部分代码如图 5-1-11 所示。最后运行效果如图 5-1-12 所示。

```
.box_1 {
    background-color: #c30;
    float: left;
    height: 100px;
    width: 100px;
    border-radius: 10px;
    box-shadow: inset 0px 0px 30px white;
}
```

图 5-1-11　代码视图

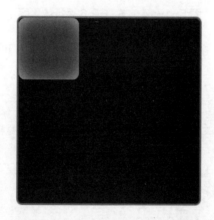

图 5-1-12　STEP 5 运行效果图

STEP 6：在设计视图，将光标定位在橙色矩形框右侧外，继续添加矩形框，即插入 <div> 标签。在"插入"面板的"布局"工具栏上单击"插入 Div 标签"按钮，将弹出"插入 Div 标签"对话框，单击"类"下拉列表框，选择类选择器 box_1，复用类选择 box_1 的样式，如图 5-1-13 所示，单击"确定"按钮，回到设计视图，将矩形框内的默认文字删除，最后运行效果如图 5-1-14 所示。

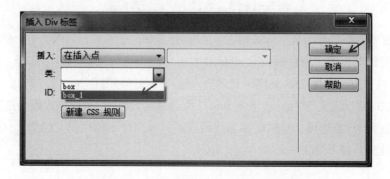

图 5-1-13　"插入 Div 标签"对话框

图 5-1-14　STEP 6 运行效果图

STEP 7：重复 STEP 6 步骤，继续添加橙色小矩形，直到 9 个为止，如图 5-1-15 所示。

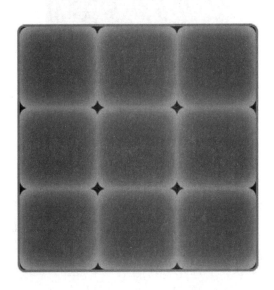

图 5-1-15　STEP 7 运行效果图

STEP 8：修改魔方第二行和第三行的颜色。在"CSS 样式"面板中，如图 5-1-2 所示，单击"全部"按钮，在"所有规则"栏中，用鼠标指向 style 并右击，在弹出的快捷菜单中选择"新建"命令，如图 5-1-16 所示；将弹出"新建 CSS 规则"对话框，输入类选择器名称 box_2，单击"确定"按钮后，弹出". box_2 的 CSS 规则定义"对话框，设置 box_2 类选择器的样式，全部样式跟类选择器 box_1 相同，只将背景颜色设置为 #FC0 即可，最后切换到代码视图，将圆角半径代码与内阴影代码复制到类选择器 box_2 中，如图 5-1-17 所示。

图 5-1-16　"新建"命令

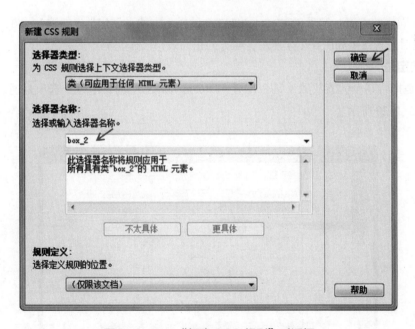

图 5-1-17　"新建 CSS 规则"对话框

STEP 9：让第二行的矩形框套用类选择器 box_2 的样式。分别选中第二行的矩形框，在下面的"属性"面板选择类选择器 box_2，如图 5-1-18 所示，最终运行效果如图 5-1-19 所示。

图 5-1-18　"属性"面板

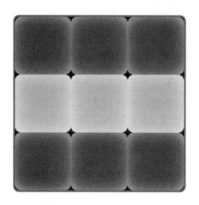

图 5-1-19　STEP 9 运行效果图

STEP 10：同样的方法，参照 STEP 8 与 STEP 9 的操作方法，创建类选择器 box_3，并设置背景颜色为 #0CF，最后运行效果如图 5-1-4 所示，魔方的正面效果制作完毕。

3. 盒子的定位

　　"定位"是指将某个元素放置于某个位置，Dreamweaver 中的"定位"选项是通过 Position 属性来实现，如图 5-1-20 所示。

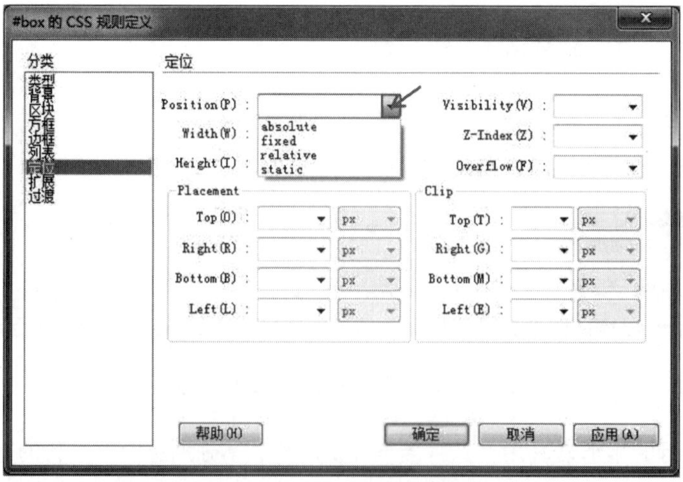

图 5-1-20　"定位"选项

当 Position 的取值为 static 时，为静态定位。该取值也是 Position 的默认值，使用静态定位的标签将按照标准文档流的组织方式在页面中排列，如表 5-1-2 所示。

表 5-1-2 Position 盒子定位属性

属性值	功能说明
static	静态定位
relative	相对定位
absolute	绝对定位（脱离文档流）
fixed	固定定位（脱离文档流）

任务实施

STEP 1：打开 Dreamweaver CS6 开发工具，创建新网页，进入网页设计文档页面，单击"保存"按钮，或者使用快捷键【Ctrl+S】，保存为 T5. html 网页文件。

STEP 2：单击"文档"面板中的标题文本框，输入标题"生日快乐"，为网页添加标题，如图 5-1-21 所示。

图 5-1-21 "文档"面板

STEP 3：切换到设计视图，在设计视图中插入 <div> 标签。将光标定位在设计视图文档页面左上角，然后在"插入"面板中的"布局"工具栏上单击"插入 Div 标签"按钮，将弹出"插入 Div 标签"对话框，为 ID 选择器命名为 box，再单击"新建 CSS 规则"按钮，如图 5-1-22 所示，将弹出"新建 CSS 规则"对话框，如图 5-1-23 所示，单击"确定"按钮，即弹出"#box 的 CSS 规则定义"对话框，切换到"背景"选项，设置背景图片，选择图片素材 bg. jpg，如图 5-1-24 所示；再切换到"方框"选项，将宽设为 800 px，高为 418 px（与背景图片的宽、高一致），将 Padding 值设为 0，Margin 值为 auto（让 Div 盒子居中），如图 5-1-25 所示；接着切换到"边框"选项，设置 Style 的值为 solid（实线），Width 的值为 5 px，Color 的值为 #999，如图 5-1-26 所示；接着切换到"定位"选项，设置 Position 的值为 relative（相对定位，以父容器 #box 为参照物），如图 5-1-27 所示，最后单击"确定"按钮，则返回到"插入 Div 标签"对话框，单击"确定"按钮，去掉 Div 盒子的默认文字，最终可在设计视图区看到一个有生日主题的图片矩形，如图 5-1-28 所示。

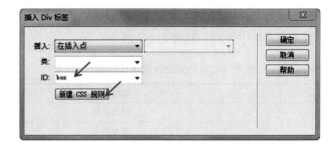

图 5-1-22 "插入 Div 标签"对话框

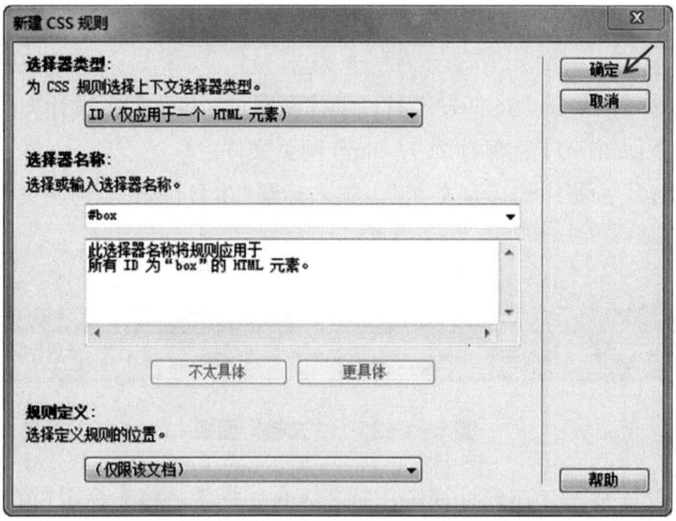

图 5-1-23 "新建 CSS 规则"对话框

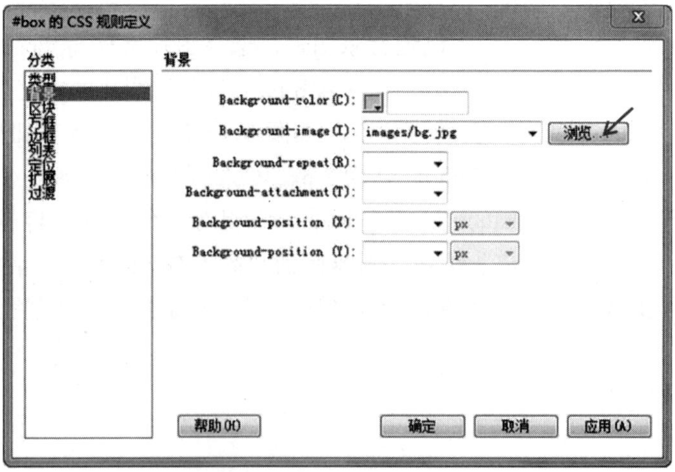

图 5-1-24 "背景"选项

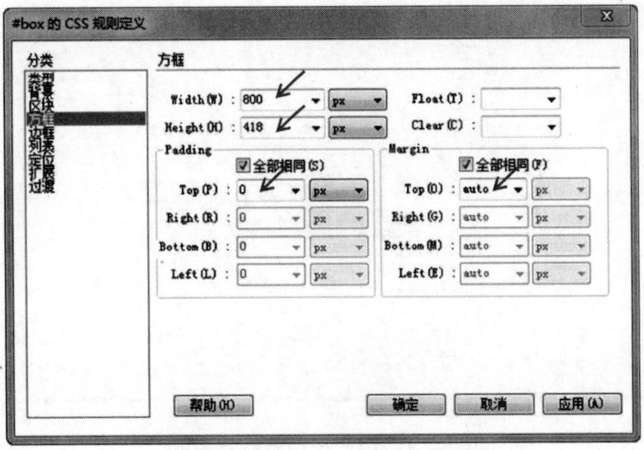

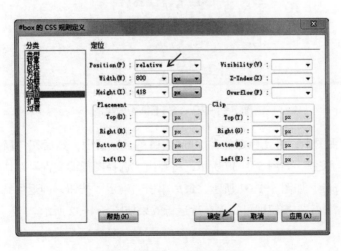

图 5-1-25 "方框"选项

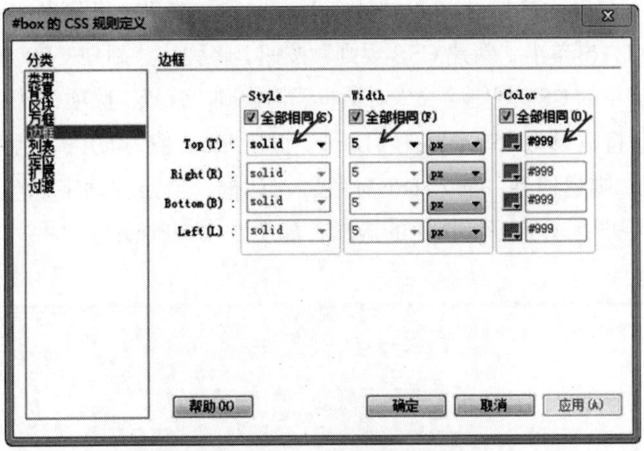

图 5-1-26 "边框"选项

图 5-1-27 "定位"选项

图 5-1-28　生日主题效果图

STEP 4：切换到设计视图，将光标定位在刚创建的 #box 矩形框中，在矩形框中插入 <div> 标签。在"插入"面板中的"布局"工具栏上单击"插入 Div 标签"按钮，将弹出"插入 Div 标签"对话框，为类选择器命名为 box_1，再单击"新建 CSS 规则"按钮，将弹出"新建 CSS 规则"对话框，单击"确定"按钮，即弹出". box_1 的 CSS 规则定义"对话框，切换到"背景"选项，暂时设置背景颜色为白色；再切换到"方框"选项，将宽设为 25%，高为 418 px，设置 Float 值为 left（左浮动，让盒子横向显示），最后单击"确定"按钮，则返回到"插入 Div 标签"对话框，单击"确定"按钮，去掉 Div 盒子的默认文字，最终可在设计视图区看到一个白色的矩形，如图 5-1-29 所示。

图 5-1-29　STEP 4 效果图

STEP 5：在设计视图中，将光标定位在 . box_1 白色子容器中，然后在"插入"面板的"常用"工具栏上单击"图像"按钮，如图 5-1-30 所示，将弹出"选择图像源文件"对话框，在文件夹 images 下选择图片素材 font. png，如图 5-1-31 所示，最后单击"确定"按钮，即返回到"图像标签辅助功能属性"对话框，单击"确定"按钮即可，保存后运行效果如图 5-1-32 所示。

图 5-1-30 "图像"按钮

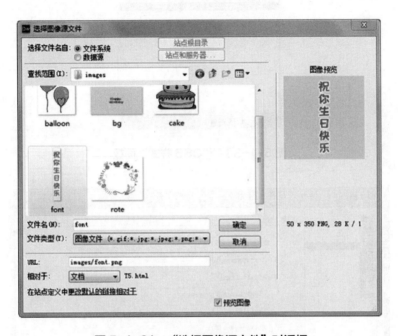

图 5-1-31 "选择图像源文件"对话框

图 5-1-32 SETP 5 运行效果图

STEP 6：修改 . box_1 白色子容器的样式（让文本居中）。将鼠标移到"CSS 样式"面板，双击"所有规则"栏中的类选择器 . box_1，如图 5-1-33 所示，将弹出". box_1 的 CSS 规则定义"对话框，在"背景"选项中去掉背景颜色白色，再切换到"区块"选项，将 Text-align 的值设置为 center（将白色子容器中的文本对象设置水平居中效果），如图 5-1-34 所示，最后单击"确定"按钮后，运行效果如图 5-1-35 所示。

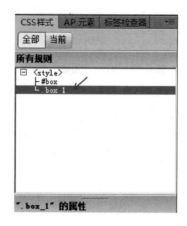

图 5-1-33   "CSS 样式"面板

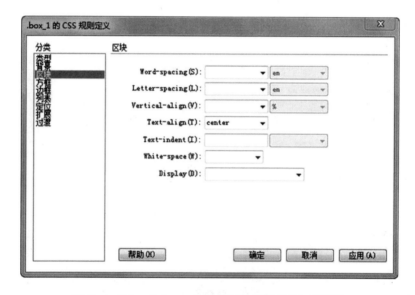

图 5-1-34   ".box_1 的 CSS 规则定义"对话框

图 5-1-35   STEP 5 运行效果图

STEP 7：在设计视图，将光标定位在 .box_1 矩形框外，在 .box_1 子容器后插入图片。在"插入"面板的"常用"工具栏上单击"图像"按钮，如图 5-1-30 所示，将弹出"选择图像源文件"对话框，在文件夹 images 下选择图片素材 rotate.png，如图 5-1-36 所示，最后单击"确定"按钮，即返回到"图像标签辅助功能属性"对话框，单击"确定"按钮即可，保存后运行效果如图 5-1-32 所示。

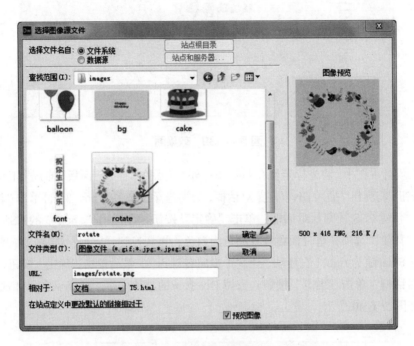

图 5-1-36　"选择图像源文件"对话框

STEP 8：调整图片素材 rotate.png 的位置。在设计视图中选中小鸟图片，然后在下面"属性"面板中将此图片取名为 pic（ID 选择器名称），如图 5-1-37 所示，再切换到代码视图，在内嵌样式表中添加代码，如图 5-1-38 所示，最终效果如图 5-1-39 所示。

图 5-1-37　"属性"面板

```
#box #pic{
    position:absolute;
    left:150px;
}
```

图 5-1-38　代码视图

图 5-1-39　效果图

STEP 9：在设计视图中，将光标定位在 #pic 图片外，然后在"插入"面板"布局"工具栏上单击"插入 Div 标签"按钮，将弹出"插入 Div 标签"对话框，为类选择器命名为 box_3，再单击"新建 CSS 规则"按钮，将弹出"新建 CSS 规则"对话框，单击"确定"按钮，即弹出". box_3 的 CSS 规则定义"对话框，切换到"背景"选项，暂时设置背景颜色为白色；再切换到"方框"选项，将宽设为 25%，高为 418 px，设置 Float 值为 right（右浮动，让盒子横向右对齐），最后单击"确定"按钮，则返回到"插入 Div 标签"对话框，单击"确定"按钮，去掉 Div 盒子的默认文字，最终可在设计视图区看到一个白色的矩形，如图 5-1-40 所示。

图 5-1-40　设计视图

STEP 10：在设计视图中，将光标定位在 . box_3 白色子容器中，然后在"插入"面板"常用"工具栏上单击"图像"按钮，如图 5-1-30 所示，将弹出"选择图像源文件"对话框，在文件夹 images 下选择图片素材 balloon. png，如图 5-1-41 所示，最后单击"确定"按钮，即返回到"图像标签辅助功能属性"对话框，单击"确定"按钮即可，保存后运行效果如图 5-1-42 所示。

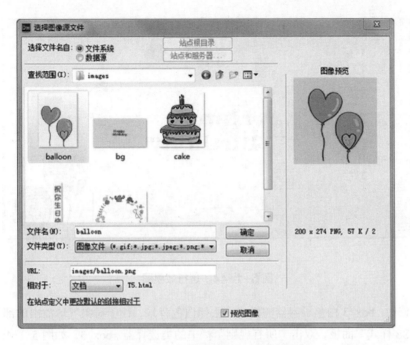

图 5-1-41　"选择图像源文件"对话框

图 5-1-42　运行效果图

STEP 11：调整图片素材 balloon. png 的位置。切换到代码视图，在内嵌样式表中添加代码，如图 5-1-43 所示，最终效果如图 5-1-44 所示。

```
.box_3 img{
    margin-top:180px;
    margin-left:16px;
    }
```

图 5-1-43　代码视图

图 5-1-44　运行效果图

STEP 12：修改 .box_3 白色子容器的样式（去掉白色背景，让子对象气球溢出的部分隐藏起来）。将鼠标移到"CSS 样式"面板，双击"所有规则"栏中的类选择器 .box_3，如图 5-1-45 所示，将弹出".box_3 的 CSS 规则定义"对话框，在"背景"选项中去掉背景颜色白色，再切换到"定位"选项，将 Overflow 的值设置为 hidden（将气球图片溢出的部分隐藏起来），如图 5-1-46 所示，最后单击"确定"按钮后，运行效果如图 5-1-47 所示。

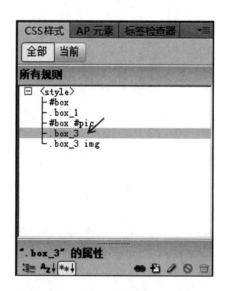

图 5-1-45　"CSS 样式"面板

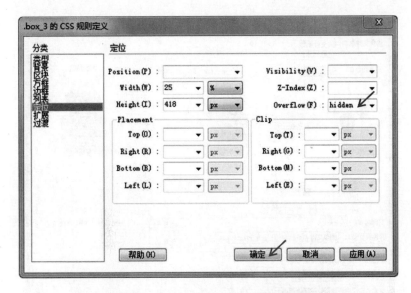

图 5-1-46 ".box_3 的 CSS 规则定义" 对话框

图 5-1-47 运行效果图

STEP 13：参照 STEP 7、STEP 8，在 #box 父容器中继续插入生日蛋糕图片，并调整其位置。在设计视图，将光标定位在 .box_3 矩形框外，在 .box_3 子容器后插入图片。在 "插入" 面板 "常用" 工具栏上单击 "图像" 按钮，如图 5-1-30 所示，将弹出 "选择图像源文件" 对话框，在文件夹 images 下选择图片素材 cake.png，如图 5-1-48 所示，最后单击 "确定" 按钮，即返回到 "图像标签辅助功能属性" 对话框，单击 "确定" 按钮即可；接着调整蛋糕图片的位置，在设计视图中选中蛋糕图片，然后在下面 "属性" 面板中将此图片命名为 cake（ID 选择器名称），如图 5-1-49 所示，再切换到代码视图，在内嵌样式表中添加代码，如图 5-1-50 所示，最终运行效果如图 5-1-1 所示。

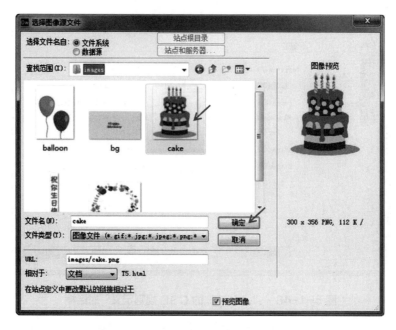

图 5-1-48　"选择图像源文件"对话框

图 5-1-49　"属性"面板

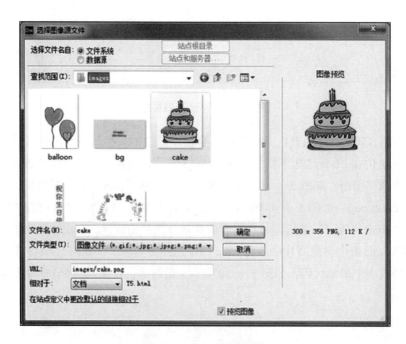

图 5-1-50　代码视图

任务 2　制作"生日快乐"贺卡动画效果

任务描述

在 Dreamweaver CS6 网页开发环境中制作"生日快乐"鼠标悬停动画效果，并导入音乐文件，制作音乐贺卡动效，如图 5-2-1 所示。

图 5-2-1　音乐贺卡动效

知识链接

下面对任务 2 中涉及的知识点进行分块解析。

1. transform 变形属性

transform 本质上是一系列变形函数，它的属性值分别是 translate 位移，scale 缩放，rotate 旋转，skew 扭曲，matrix 矩阵，如表 5-2-1 所示。

表 5-2-1　transform 变形属性：属性值

2D 变形	功能说明	3D 变形	功能说明
translate（x,y）	2D 位移	translate3d（x,y,z）	3D 位移
scale（x,y）	2D 缩放	scale3d（x,y,z）	3D 缩放
rotate（x,y）	2D 旋转	rotate3d（x,y,z）	3D 旋转
skew（x,y）	2D 扭曲	matrix3d（x,y,z）	3D 矩阵
matrix（x,y）	2D 矩阵		

2. CSS3 动画

从广义上讲，CSS3 动画可以分为两类：

（1）过渡（transition）动画

从初始状态过渡到结束状态这个过程中所产生的有节奏感的动画。所谓的状态就是指大小、位置、颜色、变形（transform）等这些属性，如表 5-2-2 所示。

表 5-2-2　transiton 的四个基本属性值

属　性　值	功　能　说　明
transition-property	规定设置过渡效果的 CSS 属性的名称
transition-duration	规定完成过渡效果需要多少秒或毫秒
transition-timing-function	规定速度效果的速度曲线
transition-delay	定义过渡效果何时开始
四个属性值同时设置的简写方式（举例）：`transition：width 2s ease 3s;`	

【小试牛刀】：制作小汽车行驶的动画效果（见图 5-2-2）。

视频

制作小汽车
行驶效果

图 5-2-2　小汽车行驶的动画效果

STEP 1：打开 Dreamweaver CS6 开发工具，创建新网页，进入网页设计文档页面，单击"保存"按钮，或者使用快捷键【Ctrl+S】，保存为 T5_test2.html 网页文件。

STEP 2：切换到设计视图，在设计视图中插入 <div> 标签。将光标定位在设计视图文档页面左上角，然后在"插入"面板中的"布局"工具栏上单击"插入 Div 标签"按钮，将弹出"插入 Div 标签"对话框，为 ID 选择器命名为 box，再单击"新建 CSS 规则"按钮，如图 5-1-22 所示，将弹出"新建 CSS 规则"对话框，如图 5-1-23 所示，单击"确定"按钮，即弹出"#box 的 CSS 规则定义"对话框，切换到"背景"选项，设置背景图片，选择图片素材 track.jpg，如图 5-2-3 所示，再切换到"方框"选项，将宽设为 600 px，高为 341 px（与背景图片的宽、高一致），将 Padding 值设为 0，Margin 值为 auto（让 Div 盒子居中），如图 5-2-4 所示，最后单击"确定"按钮，则返回到"插入 Div 标签"对话框，单击"确定"按钮，去掉 Div 盒子的默认文字，最终可在设计视图区看到拥有绿色草坪图片的矩形,如图 5-2-5 所示。

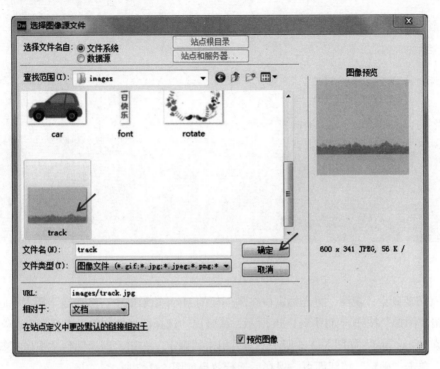

图 5-2-3 选择图片素材 track.jpg

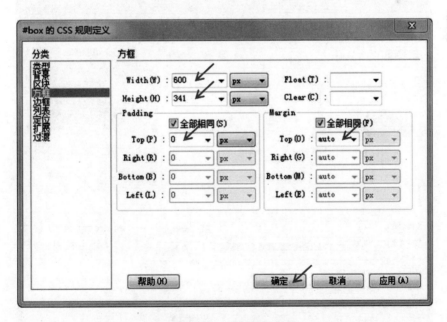

图 5-2-4 "方框"选项

图 5-2-5　设计视图

STEP 3：切换到设计视图，将光标定位在刚创建的 #box 矩形框中，然后在"插入"面板"常用"工具栏上单击"图像"按钮，如图 5-1-30 所示，将弹出"选择图像源文件"对话框，在文件夹 images 下选择图片素材 car. png，如图 5-2-6 所示，最后单击"确定"按钮，即返回到"图像标签辅助功能属性"对话框，单击"确定"按钮即可，保存后运行效果如图 5-2-7 所示。

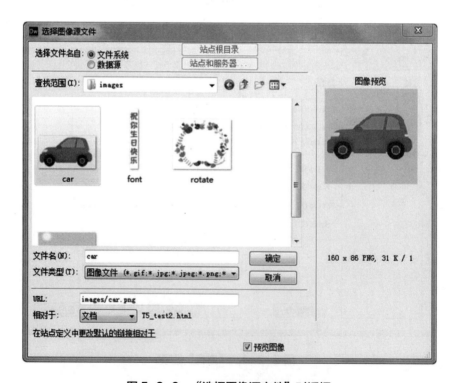

图 5-2-6　"选择图像源文件"对话框

图 5-2-7　运行效果图

STEP 4：调整小汽车的初始位置。切换到代码视图，在内嵌样式表中输入代码，如图 5-2-8 所示，最后运行效果如图 5-2-9 所示。

```
#box  img{
    margin-top:260px;
    margin-left:470px;
    }
```

图 5-2-8　代码视图

图 5-2-9　运行效果图

STEP 5：制作动画效果，当鼠标悬停在图片上时，小汽车向前行驶。继续切换到代码视图，输入代码，如图 5-2-10 所示，运行最后一帧的动画效果如图 5-2-1 所示。

```
#box  img{
    margin-top:260px;
    margin-left:470px;
    /*调用transition属性，使小汽车的位置变化过渡自然*/
    transition: all 2s ease;
    }
/*当鼠标悬停在背景图片上时，改变图片小汽车的位置*/
#box:hover img{
    margin-left:0px;
    }
```

图 5-2-10   代码视图

（2）关键帧（keyframes）animation 动画

关键帧动画可以理解为定义了一个具有动画效果的函数，不同于过渡动画的是，关键帧动画可以定义多个状态，过渡动画只能定义第一帧和最后一帧这两个关键帧，而关键帧动画则可以定义任意多的关键帧，因而能实现更复杂的动画效果，如表 5-2-3 所示。

表 5-2-3   @keyframes 详解

语法	应用实例

@keyframes 动画名称 {
时间点 { 元素状态 }
时间点 { 元素状态 }
…
}
	@keyframesball_jump{
	0% { top: 10px；background: red；}
	50% { top: 400px；background: yellow；}
	100% { top: 300px；background: blue；}
	}

视频

制作花朵旋转
效果

实现关键帧动画的重要步骤：先定义关键帧的动画内容，如表 5-2-3 中"应用实例"所示，再运用 animation 属性来调用动画名称，例如，animation：ball_jump 2s ease infinite；其中 Infinite 表示运动的次数为无限次。

transition 与 animation 的区别：transition 需要触发一个事件才会随时间改变其属性（如鼠标悬停时）；animation 在不需要触发任何事件的情况下，也可以显式地随时间变化来改变元素的 CSS 属性，达到一种动画效果。

【小试牛刀】：制作花朵旋转的效果（见图 5-2-11）。

STEP 1：打开 Dreamweaver CS6 开发工具，创建新网页，进入网页设计文档页面，单击"保存"按钮，或者使用快捷键【Ctrl+S】，保存为 T5_test3. html 网页文件。

STEP 2：切换到设计视图，在设计视图中插入 <div> 标签。将光标定位在的设计视图文档页面左上角，然后在"插入"面板"布局"工具栏上单击"插入 Div 标签"按钮，将弹出"插入 Div 标签"对话框，为 ID 选

图 5-2-11   花朵旋转

择器命名为 box，再单击"新建 CSS 规则"按钮，如图 5-1-22 所示，将弹出"新建 CSS 规则"对话框，如图 5-1-23 所示，单击"确定"按钮，即弹出"#box 的 CSS 规则定义"对话框，切换到"区块"选项，设置 Text-align 的值为 center；接着切换到"方框"选项，将宽设为 310 px，高为 310 px，将 Padding 值设为 0，Margin 值为 auto（让 Div 盒子居中）；再切换到"边框"选项，设置 Style 的值为 dashed（虚线），Width 的值为 3 px，Color 的值为 #FC0，最后单击"确定"按钮，则返回到"插入 Div 标签"对话框，单击"确定"按钮，去掉 Div 盒子的默认文字，最终可在设计视图区看到一个橙色虚线框的正方矩形，如图 5-2-12 所示。

图 5-2-12　设计视图

STEP 3：制作 #box 的圆形效果。切换到代码视图，在内嵌样式表中添加代码（border-radius:50%;），如图 5-2-13 所示，保存后，运行效果如图 5-2-14 所示。

```
#box {
    margin: auto;
    padding: 0px;
    height: 310px;
    width: 310px;
    border: 3px dashed #FC0;
    text-align: center;
    border-radius:50%;
}
```

图 5-2-13　代码视图　　　　图 5-2-14　运行效果图

    STEP 4：在 #box 容器中添加花朵图片。切换到设计视图，将光标定位在 #box 容器中，然后在"插入"面板"常用"工具栏上单击"图像"按钮（见图 5-1-32），将弹出"选择图像源文件"对话框，在文件夹 images 下选择图片素材 flower. png，如图 5-2-15 所示，最后单击"确定"按钮，即返回到"图像标签辅助功能属性"对话框，单击"确定"按钮即可，保存后运行效果如图 5-2-16 所示（注意：圆角效果在设计视图无法显示，只能在浏览器中运行获取）。

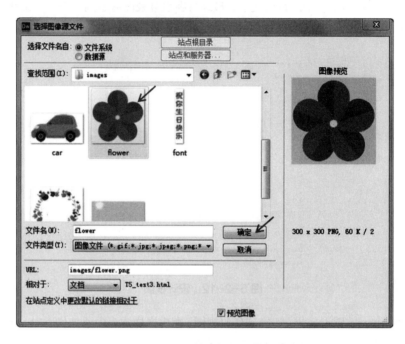

图 5-2-15　"选择图像源文件"对话框

图 5-2-16　运行效果图

STEP 5：制作花朵旋转动画效果。第一步定义关键帧动画内容（也可以理解成定义一个函数），切换到代码视图，在内嵌样式表中输入代码，如图 5-2-17 所示。第二步，标签选择器 img 调用旋转效果动画，在内嵌样式表中继续输入代码，如图 5-2-18 所示，保存后在浏览器中运行，即可看到花朵旋转的动态效果。

```
/*定义帧动画,编写旋转效果*/
@keyframes flower_rotate{
        0% { transform:rotate(0deg);}
        100% { transform:rotate(360deg);}
}
```

图 5-2-17　代码视图

```
#box img{
    /*调用帧动画，让花朵图片使用此旋转效果*/
    animation:flower_rotate 30ms linear infinite;
}
```

图 5-2-18　代码视图

3. 插入音频文件

在网页中可以适当插入音频文件，增加网页的生动性。如何在网页中插入音频文件？切换到设计视图，将光标定位在网页中，然后在"插入"面板"常用"工具栏单击"媒体"→ Shockwave 命令，如图 5-2-19 所示，将弹出"选择文件"对话框，在对话框中选择一个音乐文件，如图 5-2-20 所示，单击"确定"按钮后将返回"对象标签辅助功能属性"对话框，单击"确定"按钮即可。

图 5-2-19　"插入"面板

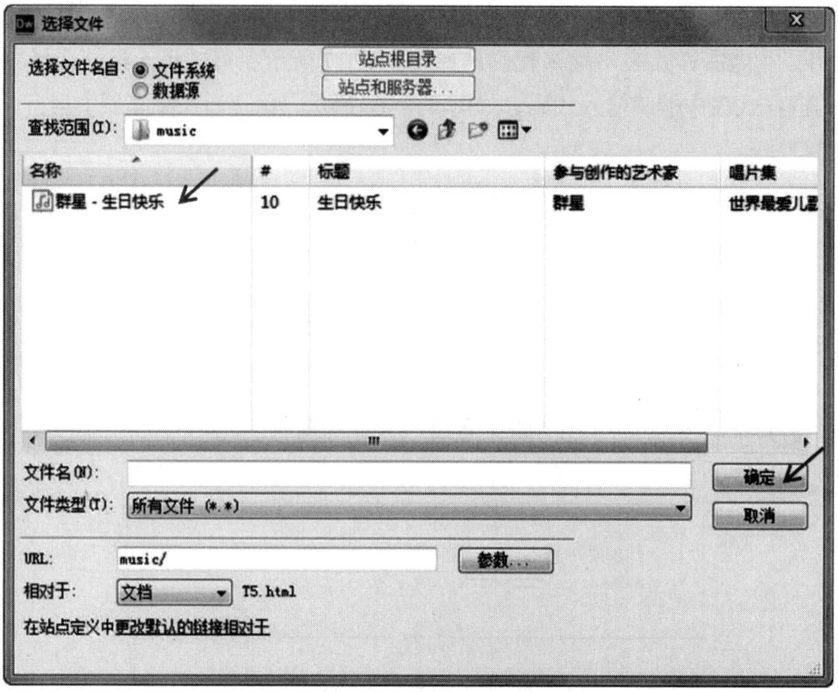

图 5-2-20　"选择文件"对话框

任务实施

STEP 1：设置鼠标悬停在卡片时，设置生日快乐图片素材缩放效果（从无到有）。切换到代码视图，在内嵌样式表中输入代码，如图 5-2-21 所示。

```
.box_1 img{
    /*设置文字图片生日快乐初始效果大小为0*/
    transform:scale(0);
    /*让缩放效果自然过渡*/
    transition:transform 3s;
    }
    /*当鼠标悬停时，让文字图片恢复原始大小*/
#box:hover .box_1 img{
    /*设置文字图片生日快乐原始大小*/
    transform:scale(1);
    }
```

图 5-2-21　代码视图

STEP 2：设置小鸟图片旋转效果。切换到代码视图，在内嵌样式表中输入代码，如图 5-2-22 所示。

```
#box  #pic{
    /*调用帧动画,让小鸟图片使用此旋转效果*/
  animation:bird_rotate 2s linear infinite;
 }
/*定义帧动画,编写旋转效果*/
@keyframes bird_rotate{
     0% { transform:rotate(0deg);}
    100% { transform:rotate(360deg);}
}
```

图 5-2-22 代码视图

STEP 3：设置当鼠标悬停 #box 容器时，生日蛋糕图片显示缩放效果（从无到有），切换到代码视图，在内嵌样式表中输入代码，如图 5-2-23 所示。

```
#box #cake{
 /*设置生日蛋糕图片初始效果大小为0*/
 transform:scale(0);
 /*让缩放效果自然过渡*/
 transition:transform 10s;
 }
 /*当鼠标悬停时,让生日蛋糕图片恢复原始大小*/
#box:hover #cake{
 /*设置生日蛋糕图片恢复原始大小1*/
 transform:scale(1);
 }
```

图 5-2-23 代码视图

STEP 4：设置当鼠标悬停 #box 容器时，气球图片显示上升效果（自下向上），切换到代码视图，在内嵌样式表中输入代码，如图 5-2-24 所示。

```
#box .box_3 img{
    /*设置气球的初始位置（隐藏）*/
  transform:translateY(260px);
   /*让位移效果自然过渡*/
  transition:transform 10s;
  }
   /*当鼠标悬停时,设置气球图片上升效果*/
#box:hover .box_3 img{
   /*设置气球图片悬停时的位置*/
  transform:translateY(-260px);
  }
```

图 5-2-24 代码视图

STEP 5: 最后插入音频文件生日快乐主题歌。切换到设计视图，将光标定位在 #box 容器外，然后在"插入"面板"常用"工具栏单击"媒体"→ Shockwave 命令，如图 5-2-19 所示，将弹出"选择文件"对话框，在对话框中选择一个音乐文件，如图 5-2-20 所示，单击"确定"按钮后将返回"对象标签辅助功能属性"对话框，单击"确定"按钮即可，最终运行效果的截图如图 5-2-1 所示。

项目总结

整个项目共分两个任务：任务 1 的知识点主要是盒子的浮动与盒子的定位，这是在网页布局中非常重要的技能之一；任务 2 重点掌握在网页中如何使用 CSS3 制作各种动画效果，以及如何导入音频文件等。

完成本项目的强化训练，将为以后的项目制作奠定良好基础。

▌ 技能训练

设计新年快乐动画音乐电子贺卡，要求：制作鼠标悬停时，设置新年快乐图片从小到大的缩放效果；制作两个娃娃反复摇晃效果（即倾斜效果），静态效果如图 5-3-1 所示。

图 5-3-1　新年快乐动画音乐电子贺卡

✎**备注**：详细的操作步骤可参考本项目任务 2。

习　题

1. 填空题

（1）盒子浮动的属性是_____，盒子定位的属性是_____。

（2）过渡动画的属性是_____，关键帧动画的属性是_____。

2. 选择题

（1）设置图片旋转动画的属性值是（　　）。

　　A. scale　　　　　B. translate　　　　　C. rotate　　　　　D. skew

（2）设置盒子的定位方式为绝对定位的属性值是（　　　）。

    A．relative   B．fixed   C．static   D．absolute

3．问答题

（1）CSS3 有哪几种动画表现方式，分别是什么？

（2）为某一图片制作一个旋转动画，实施的第一个步骤是什么？

4．创作题

通过本项目所学的知识，创作一款运动装为宣传主题的动画广告（自选素材，自主创意）。

项目 6
设计"开心便当"网站首页

学习目标

1. 掌握网站的创建方法及网站的相关知识。

2. 熟练掌握如何运用 Div 盒子进行布局页面及 ul、dl 等子容器布局网页中的图片、文字的基本方法，掌握如何创建企业网站的基本框架等。

3. 掌握精确定位网页元素、美化网页子元素的基本方法等。

技能目标

·视频·

开心便当网站
制作难点分析

1. 熟悉创建网站的基本步骤。

2. 强化 Div+CSS 布局企业网站的基本方法。

3. 框架的创建方法与美化技巧。

如何运用 Dreamweaver 开发工具来制作企业网站首页，本项目将设计一个名为"开心便当"的企业网站首页，为上班族提供一个便利、快捷、营养的就餐平台。通过本项目的学习，能熟练运用 Div 进行布局，使用 ul、dl 等子容器布局网页中的图片、文字信息等，熟练掌握内边距、外边距等相关知识来精确定位网页中的元素，使用伪类选择器来产生简单的动态效果等，为后期动态网页的制作奠定良好的基础。

▌ 任务 1　创建网站导入素材

任务描述

熟悉使用 Dreamweaver CS6 开发工具创建"开心便当"网站的基本步骤，并导入项目中所需的素材。

知识链接

下面对任务 1 中要涉及的知识点进行分块解析。

1．网站的概念

网站（Website）是指在因特网上根据一定的规则，使用 HTML 等工具制作的用于展示特定内容的多个网页的集合。

2．网址的概念

网址通常指因特网上网页的地址。企事业单位或个人通过技术处理，将一些信息以逐页的方式存储在因特网上，每一页都有一个相应的地址，以便其他用户访问而获取信息资料，这样的地址称为网址。

3．网站的分类

① 根据网站所用编程语言分类：如 asp 网站、php 网站、jsp 网站、Asp. net 网站等。

② 根据网站的用途分类：如门户网站（综合网站）、行业网站、娱乐网站等。

③ 根据网站的功能分类：如单一网站（企业网站）、多功能网站（网络商城）等。

④ 根据网站的持有者分类：如个人网站、商业网站、政府网站、教育网站等。

⑤ 根据网站的商业目的分类：营利型网站（行业网站、论坛）、非营利性型网站（企业网站、政府网站、教育网站）。

任务实施

STEP 1：打开 Dreamweaver CS6 开发环境，单击菜单栏中的"站点"→"新建站点"命令，如图 6-1-1 所示。

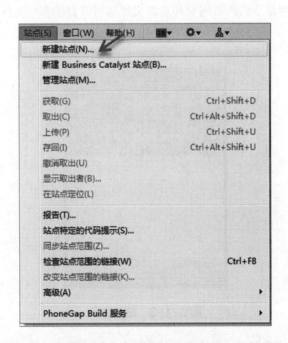

图 6-1-1　"新建站点"命令

STEP 2：单击"新建站点"命令后，将会弹出一个"站点设置对象（Happy_lunch）"对话框，在"本地站点文件夹"路径文本框中设置指定的站点路径，在"站点名称"文本框中输入站点存放的文件夹名称 Happy_lunch，即为站点的名称，如图 6-1-2 所示。

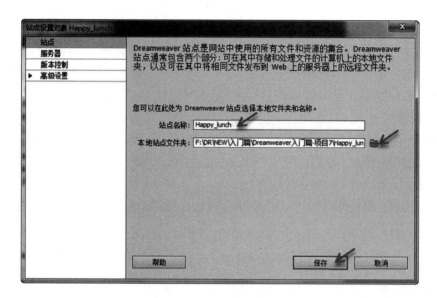

图 6-1-2　命名站点名称

STEP 3：单击"保存"按钮后，在开发环境右下角的"文件"面板中将会出现站点的相关信息，如图 6-1-3 所示，之后本网站下的所有网页和素材文件都可以直接在"文件"面板中进行操作，方便快捷高效。

图 6-1-3　站点信息

STEP 4：在网站下新建文件夹。在"文件"面板中，鼠标指向站点目录并右击，将会弹出一个快捷菜单，单击"新建文件夹"命令，如图 6-1-4 所示，将文件夹命名为 images，如图 6-1-5 所示，用来专门存放图片素材。

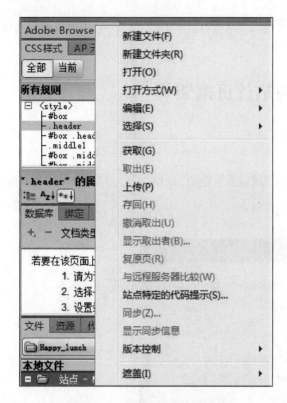

图 6-1-4　在站点下新建文件夹

图 6-1-5　命名 images

STEP 5：在文件夹 images 中导入图片素材。将项目中所有要用到的图片素材放置到站点下的文件夹 images 中（直接双击"计算机"图标，找到站点路径下存储图片的文件夹 images），然后切换到开发环境的"文件"面板，指向文件夹 images 并右击，将会弹出一个快捷菜单，单击"刷新本地文件"命令，如图 6-1-6 所示，所有的图片素材将会在"文件"面板中呈现，如图 6-1-7 所示。

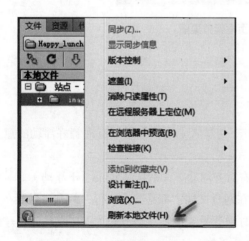

图 6-1-6　"刷新本地文件"命令

图 6-1-7　图片素材信息

以上 5 个步骤初步完成了网站的创建与导入素材的准备工作，在任务 2 中将详细讲解如何在网站下创建网页，并搭建网站首页的框架结构。

任务 2　搭建"开心便当"网站首页框架

任务描述

使用 Dreamweaver CS6 开发工具创建"开心便当"网站首页框架，制作"开心便当"首页的基本框架，效果如图 6-2-1 所示。

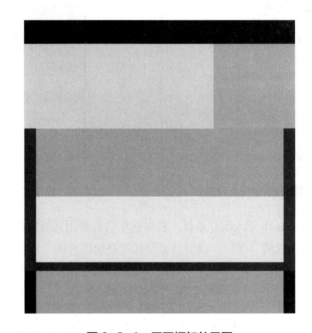

图 6-2-1　网页框架效果图

知识链接

下面对任务 2 中涉及的知识点进行分块解析。

CSS 中的 Float 属性是用得极为频繁的属性，对于初学者来说，如果没有理解好浮动的意义和表现出来的特性，在使用时很容易困惑。

① Float 一般分为 left（左对齐浮动）与 right（右对齐浮动），默认是 none（不浮动）。

② 我们知道块状容器（如 Div、ul、p、dl 等）在网页文档中都是独占一行，但有时需要在一个父容器中同时放置两个或者三个子容器并行显示，这时候就需要设置浮动方式为 left 或 right，一般情况下设置为 left，默认值为 none（不浮动），详情见表 6-2-1。

表 6-2-1 Float 属性简介

属 性 值	描 述
left	元素向左浮动
right	元素向右浮动
none	元素不浮动（默认值）
inherit	规定从父元素继承 float 属性值

任务实施

STEP 1：新建"开心便当"网站首页。鼠标指向"文件"面板中的站点名称并右击，将会弹出一个快捷菜单，单击"新建文件"命令，如图 6-2-2 所示，会自动创建一个网页，重命名为 index. html，如图 6-2-3 所示。

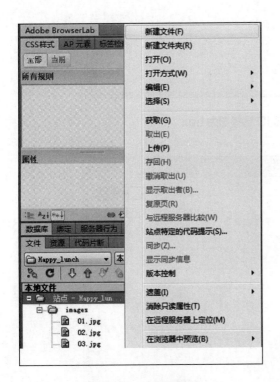

图 6-2-2 新建网页

图 6-2-3 重命名网页

STEP 2：在"文件"面板中双击 index. html 文件，即进入到网站首页的网页编辑窗口，在网页中插入一个 Div 标签，作为整个网页的父容器。在"插入"面板的"布局"工具栏中单击 Div 标签按钮，如图 6-2-4 所示，将会弹出一个"插入 Div 标签"的对话框，并将此 Div 盒子的 ID 选择器命名为 box，然后单击"新建 CSS 规则"按钮（为父容器增加基本的样式），如图 6-2-5 所示；将弹出"新建 CSS 规则"对话框，如图 6-2-6 所示，单击"确定"按钮后将会弹出"#box 的 CSS 规则定义"对话框，设置背景颜色为 #B0163F，然后切换到"方框"选项，设置宽度为 100%，高度为 auto，内边距

Padding 值为 0 px，外边距 Margin 值为 auto，如图 6-2-7 所示，最后自动返回到图 6-2-5 所示的对话框，单击"确定"按钮后即可，这样在网页中就会出现一个宽度占满整个屏幕，高度会自动识别内容的玫红色容器。

图 6-2-4　"插入 Div 标签"按钮

图 6-2-5　命名 ID 选择器为 box

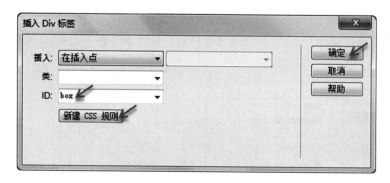

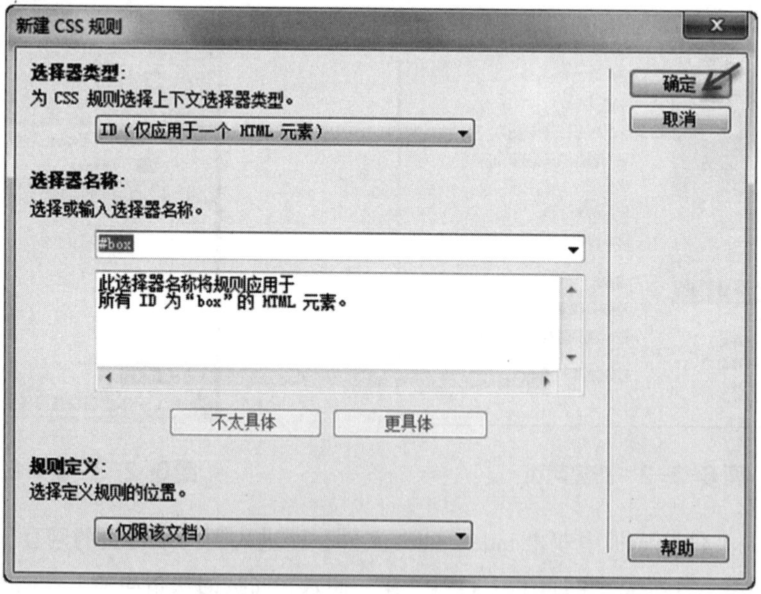

图 6-2-6　"新建 CSS 规则"对话框

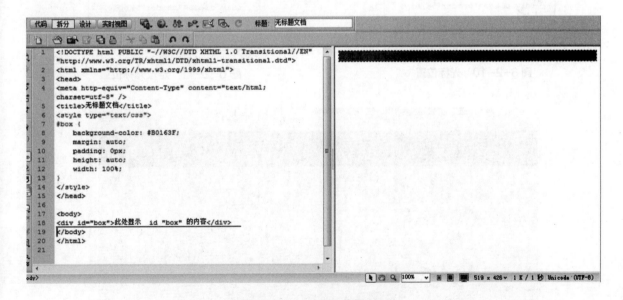

图 6-2-7 "方框"选项

STEP 3: 切换到拆分视图,观察代码框中的 body 标签中自动产生了一对 Div 标签,如图 6-2-8 所示,删除默认的文字后,在 box 父容器中再插入 Div 标签,将子容器的类选择器命名为 header,再单击"新建 CSS 规则"按钮(操作步骤参照 STEP 2),直到切换到"#box. header 的 CSS 规则定义"对话框中,切换到"背景"选项,将准备好的图片素材 head-bg. png 作为此容器的背景图片,然后切换到"方框"选项,设置宽度为 100%,高度为 110 px,与背景图片的高度达到一致,设置完毕后,单击"确定"按钮,切换到拆分视图的代码区,在 title 标签内将网页的标题命名为"开心便当网站",效果如图 6-2-9 所示。

图 6-2-8 拆分窗口展示效果

STEP 4：同理，参照 STEP 2 的方法，在拆分视图的代码区将光标定位在 . header 容器的外面，如图 6-2-10 所示，在父容器 box 中的 . header 子容器下面继续增加子容器，类选择器命名为 middle1（代码区又自动生成了一个类选择器为 . middle1 的 Div 子容器，如图 6-2-11 所示），单击"新建 CSS 规则"按钮后，切换到". middle1 的 CSS 规则定义"对话框中，切换到"背景"选项，将背景颜色暂时设置为 #CCC，然后切换到"方框"选项，设置宽度为 100%，高度设置为 400 px，单击"确定"按钮，回到设计视图，删除容器中多余的文字后效果如图 6-2-12 所示。

说明：建议边操作边观察代码区自动生成的代码，方便观察容器间的层次关系，避免出现错误的包含关系。

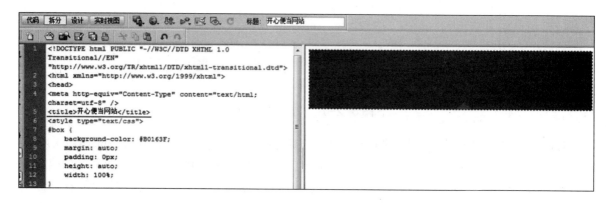

图 6-2-9　折分窗口展示效果

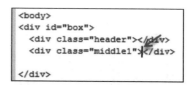

图 6-2-10　光标位置　　　　　图 6-2-11　定位光标位置

图 6-2-12　设计视图效果图

STEP 5：同理，参照 STEP 2 的方法，在代码区将光标移动到 . middle1 标签容器的中间（可以避免将新增的容器添加到其他容器中）（见图 6-2-11），在 . middle1 标签容器中继续添加 Div 子容器（步骤参照 STEP 2），在弹出的"插入 Div 标签"对话框中，将类选择器命名为 . m1_left，单击"新建 CSS 规则"按钮后，切换到". m1_left 的 CSS 规则定义"对话框中，将背景颜色暂时设置为 #FF0，然后切换到"方框"选项，设置宽度为 40%，高度为 400 px，将 Float 值设置为 left，单击"确定"按钮，运行效果如图 6-2-13 所示。

图 6-2-13　STEP 5 运行效果图

STEP 6：同理，参照 STEP 2 的方法，在代码区将光标移动到 . middle1 标签容器中的 . m1_left 容器尾标签的外面，单击"插入"面板的"布局"工具栏中的 Div 标签按钮，在弹出的"插入 Div 标签"对话框中，将类选择器命名为 . m1_middle，单击"新建 CSS 规则"按钮后，切换到". m1_middle 的 CSS 规则定义"对话框中，将背景颜色暂时设置为 #F4F45E，然后切换到"方框"选项，设置宽度为 30%，将 Float 值设置为 left，高度为 400 px，单击"确定"按钮，运行效果如图 6-2-14 所示。

图 6-2-14　STEP 6 运行效果图

STEP 7：同理，参照 STEP 2 的方法，在代码区将光标移动到 . middle1 标签容器中的 . m1_middle

容器尾标签的外面，单击"插入"面板的"布局"工具栏中的 Div 标签按钮，在弹出的"插入 Div 标签"对话框中，将类选择器命名为 . m1_right，单击"新建 CSS 规则"按钮后，切换到". m1_middle 的 CSS 规则定义"对话框中，将背景颜色暂时设置为 #F4F45E，然后切换到"方框"选项，设置宽度为 30%，高度为 400 px，将 Float 值设置为 left，单击"确定"按钮，运行效果如图 6-2-15 所示。

图 6-2-15　STEP 7 运行效果图

STEP 8：同理，参照 STEP 2 的方法，在代码区将光标移动到 #box 标签容器中的 . middel1 容器尾标签的外面，单击"插入"面板的"布局"工具栏中的 Div 标签按钮，在弹出的"插入 Div 标签"对话框中，将类选择器命名为 . middle2，单击"新建 CSS 规则"按钮后，切换到". middle2 的 CSS 规则定义"对话框中，将背景颜色设置为白色，然后切换到"方框"选项，设置宽度为 1 200 px，高度为 630 px，内边距 Padding 都设置为 0 px，外边距 Margin 都设置为 auto，单击"确定"按钮，删除容器中默认的文字，运行效果如图 6-2-16 所示。

图 6-2-16　STEP 8 运行效果图

STEP 9：同理，参照 STEP 2 的方法，在代码区将光标移动到 .middle2 标签中，单击"插入"面板的"布局"工具栏中的 Div 标签按钮，在弹出的"插入 Div 标签"对话框中，将类选择器命名为 . m2_top，单击"新建 CSS 规则"按钮后，切换到". m2_top 的 CSS 规则定义"对话框中，将背景颜色设置为 #CCC，然后切换到"方框"选项，设置宽度为 100%，高度为 320 px，单击"确定"按钮，删除容器中默认的文字，运行效果如图 6-2-17 所示。

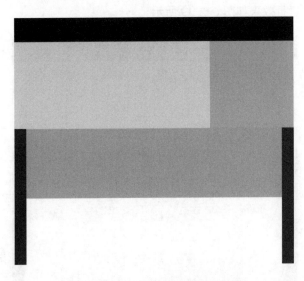

图 6-2-17　STEP 9 运行效果图

STEP 10：同理，参照 STEP 2 的方法，在代码区将光标移动到 . middle2 标签中的 . m2_top 容器尾标签的外面，单击"插入"面板的"布局"工具栏中的 Div 标签按钮，在弹出的"插入 Div 标签"对话框中，将类选择器命名为 . m2_bottom，单击"新建 CSS 规则"按钮后，切换到". m2_top 的 CSS 规则定义"对话框中，将背景颜色暂时设置为 #FF9，然后切换到"方框"选项，设置宽度为 100%，高度为 310 px，单击"确定"按钮，删除容器中默认的文字，运行效果如图 6-2-18 所示。

图 6-2-18　STEP 10 运行效果图

STEP 11：同理，参照 STEP 2 的方法，在代码区将光标移动到 #box 标签中的 . middel2 容器尾标签的外面，单击"插入"面板的"布局"工具栏中的 Div 标签按钮，在弹出的"插入 Div 标签"对话框中，将类选择器命名为 . footer，单击"新建 CSS 规则"按钮后，切换到". footer 的 CSS 规则定义"对话框中，将背景颜色设置为 #242424，然后切换到"方框"选项，设置宽度为 100%，高度为200 px，设置内边距 Padding 的值都为 0 px，设置外边距 Margin 的 top 值为 40 px，单击"确定"按钮，删除容器中默认的文字，运行效果如图 6-2-19 所示。

图 6-2-19　STEP 11 运行效果图

💬**说明**：以上 11 个步骤初步完成了"开心便当"网站首页的基本框架，通过操作我们进一步认识 Div 标签的完美布局，以及 Div 之间的嵌套关系，下一步将在任务 3 中完成对网站首页的元素添加与美化操作。

▌ 任务 3　添加网页元素并美化网站首页

🖥️⟨任⟩⟨务⟩⟨描⟩⟨述⟩

使用 Dreamweaver CS6 开发工具在任务 2 的框架基础上添加网页元素并美化页面，运行效果如图 6-3-1 所示。

图 6-3-1 "开心便当"首页最终效果图

知识链接

下面对任务 3 中涉及的知识点进行分块解析。

1. HTML 中的 dl 标签容器

① dl 标签是网页中的一个小容器，功能与 ul 标签容器一样，不同的是 dl 的列表项没有默认的项目符号。

② html 中的 <dl><dt><dd> 是组合标签，dtdd 不同的是，dd 有缩进的效果，使用了 dtdd 最外层就必须使用 dl 包裹，此组合标签的组合方式与表格标签相似。

③ 位于"插入"面板的"文本"工具栏中，如图 6-3-2 所示，书写格式如图 6-3-3 所示。

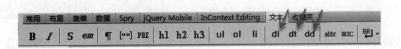

图 6-3-2 文本选项卡

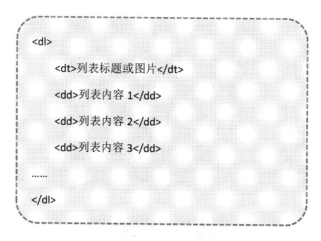

```
<dl>

    <dt>列表标题或图片</dt>

    <dd>列表内容 1</dd>

    <dd>列表内容 2</dd>

    <dd>列表内容 3</dd>

    ......

</dl>
```

图 6-3-3　代码格式

2. 伪类选择器

CSS3 根据选择符的用途可以把选择器分为标签选择器、类选择器、ID 选择器、全局选择器、组合选择器、继承选择器和伪类选择器等。其中伪类选择器在网页中运用得非常广泛。

① 伪类选择器有四种不同的状态：link（未访问链接）、visited（已访问链接）、active（激活链接）、hover（鼠标停留在链接上）。<a> 标签可以只有一种状态 link，也可以同时拥有多个状态。

② 其语法格式如图 6-3-4 所示。

3. "CSS 样式"面板

"CSS 样式"面板是方便二次修改调整样式时，可以直接双击某一个容器的选择器进入样式对话框进行修改，如图 6-3-5 所示。

```
//当鼠标悬停（hover）在 a 链接上的时候，字体颜色
变成红色，字体加粗

a:hover

    { color:red;

      Font-weight:bolder;

    }
```

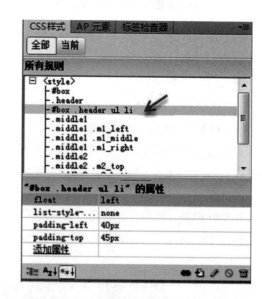

图 6-3-4　设置悬停效果

图 6-3-5　双击选择器设置 ul li 的样式

🔊任务实施

STEP 1：在 .header 容器中添加 ul li 标签容器，用来存放 logo 和导航信息。在代码区将光标移动到 .header 标签中间，然后单击"插入"面板的"文本"工具栏中的 ul 标签按钮，再切换到设计视图，在项目符号的后面直接添加图片素材 logo.png，然后通过鼠标拖动将 logo.png 调整到合适的大小，如图 6-3-6 所示。

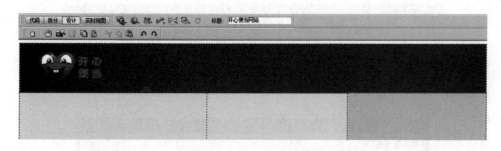

图 6-3-6　STEP 1 效果图

STEP 2：在 logo.png 图片的光标后，按【Enter】键切换到第二行，然后切换到"插入"面板的"常用"工具栏，单击"超级链接"按钮，如图 6-3-7 所示，在链接内输入导航文字信息"品牌首页"，此时可以切换到拆分视图观察代码区的标签布局结构，使得思路更为清晰。

图 6-3-7　添加超链接

STEP 3：最后重复 STEP 2 的操作，继续按【Enter】键分别在项目符号后添加超链接与导航标题，将所有的导航标题填写完整，切换到设计视图观察，如图 6-3-8 所示。

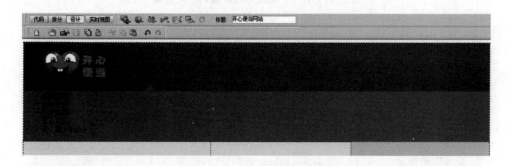

图 6-3-8　STEP 3 效果图

STEP 4：美化导航栏。在设计视图中拖动选中 ul 中的导航信息（包括 logo），然后在下面"属性"面板中设置"目标规则"值为"< 新 CSS 规则 >"，再单击"编辑规则"按钮，如图 6-3-9 所示，将会弹出"新建 CSS 规则"对话框，在选择器处填写选择器名称 #box. header ul li，如图 6-3-10 所示，
单击"确定"按钮后将会弹出"#box. header ul li 的 CSS 规则定义"对话框，在"类型"选项中设置字
体颜色 Color 为白色，然后切换到"方框"选项，设置 Float 值为 left（让所有的标题横向显示），设
置内边距 Padding 的 top 值为 45 px（离顶部的内边距），Left 值为 30 px（离左边的内边距），设置后
的运行效果如图 6-3-11 所示。

图 6-3-9 编辑新 CSS 规则

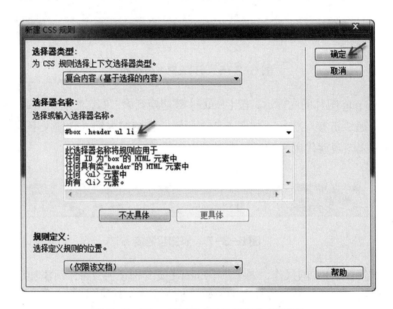

图 6-3-10 "新建 CSS 规则"对话框

图 6-3-11 STEP 4 效果图

STEP 5：从图 6-3-11 运行结果观察到，. middle1 容器中的子容器错位了，原因是导航标题中的 logo. pngl 图片超出了父容器，因此要单独对 ul 容器中的第一个 li 进行位置调整，根据效果图，最后一个 li 也需要单独设置字体样式，为了解决这一问题，需要对第一个 li 和最后一个 li 单独命名类选择器名称。切换到代码视图，在 . header 标签容器单独命名选择器名称，分别为 . pic 和 . end_li，代码内容如图 6-3-12 所示。

```
<div class="header">
  <ul>
    <li class="pic"><img src="images/logo.png" width="160" height="71" /></li>
    <li><a href="#">品牌首页</a></li>
    <li><a href="#">品牌门店</a></li>
    <li><a href="#">品牌新闻</a></li>
    <li><a href="#">形象画册</a></li>
    <li><a href="#">联系我们</a></li>
    <li class="end_li"><a href="#">简</a>｜<a href="#">繁</a>｜<a href="#">English</a></li>
  </ul>
</div>
```

图 6-3-12　代码区内容

STEP 6：调整 logo. png 图片的位置（第一个 li）。切换到设计视图拖动选择 logo. png 图片（为了直接获取选择器的名称，方便设置样式），然后将下面"属性"面板中的"目标规则"值设为"< 新 CSS 规则 >"选项，再单击"编辑规则"按钮（操作步骤参考 STEP 4），将会弹出"新建 CSS 规则"对话框，在选择器处填写选择器名称 #box. header ul. pic，单击"确定"按钮后将会弹出"#box. header ul. pic 的 CSS 规则定义"对话框，切换到"方框"选项，设置内边距 Padding 的 top 值为 20 px（离顶部的内边距），设置后的部分运行效果如图 6-3-13 所示。

图 6-3-13　STEP 6 效果图

STEP 7：从图 6-3-13 运行的效果观察，导航栏中的文字信息不明显，也不美观，原因是文字信息继承了超链接的默认样式，所以要先修改 li 容器内的 a 链接样式。拖动选择第一个导航标题文字"品牌首页"，然后将下面"属性"面板中的"目标规则"值改为"< 新 CSS 规则 >"选项，再单击"编辑规则"按钮，将会弹出"新建 CSS 规则"对话框，在选择器处填写选择器名称 #box. header ul li a，单击"确定"按钮后将会弹出"#box. header ul li a 的 CSS 规则定义"对话框，先在"类型"选项中设置 Font-family 字体样式为黑体，Font-size 为 18 px，Text-decoration 的值选择 none（去掉超链接的下画线），Color 值设为白色，再切换到"方框"选项，设置内边距 Padding 的 Right 值为 30 px（向右边推开 30 px 的距离），设置后的部分运行效果如图 6-3-14 所示。

图 6-3-14　STEP 7 效果图

STEP 8：修改最后一个 li 容器内的文字样式。拖动选中最后一个导航标题"简 | 繁 | English"，然后将下面"属性"面板中的"目标规则"值改为"< 新 CSS 规则 >"选项，再单击"编辑规则"按钮，将会弹出"新建 CSS 规则"对话框，在选择器处填写选择器名称 #box. header ul. end_li a，单击"确定"按钮后将会弹出"#box. header ul. end_li a 的 CSS 规则定义"对话框，先在"类型"选项中设置 Font-family 字体样式为华文楷体，Font-size 为 20 px，再切换到"方框"选项，设置内边距 Padding 的所有值都为 0 px，设置后的部分运行效果如图 6-3-15 所示。

图 6-3-15　STEP 运行效果图

STEP 9：为导航标题添加悬停效果（当鼠标悬停在导航标题上时，文字加粗，文字颜色变为 #f83d6c）。切换到代码视图，在内嵌样式表 <style></style> 标签内添加伪类选择器，并添加样式，代码内容如图 6-3-16 所示，代码含义：当鼠标悬在 a 链接标签容器上时，改变 a 链接容器内的文字样式。代码输入完毕后，导航栏美化效果已经完成，部分运行效果如图 6-3-17 所示。

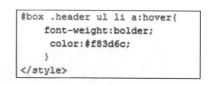

```
#box .header ul li a:hover{
    font-weight:bolder;
    color:#f83d6c;
    }
</style>
```

图 6-3-16　代码内容

图 6-3-17　STEP 9 运行效果图

说明：hover 后面的选择器只能是 hover 前面悬停对象的子容器，如果 hover 后面不跟选择器，那悬停时改变的就是它自身。

STEP 10：在 .middle1 标签内的 .m1_left 子容器中添加图片素材 2. png。在代码区将光标移到 .m1_left 标签（名为 .m1_left 的 Div 标签）的中间，单击"插入"面板的"常用"工具栏中的图像按钮,将图片素材 2. png 导入到 . m1_left 容器中;拖动选中图片 2. png,然后将下面"属性"面板中的
"目标规则"值改为"< 新 CSS 规则 >"选项,再单击"编辑规则"按钮,将会弹出"新建 CSS 规则"
对话框,将选择器处填写选择器名称 #box. middle1. m1_left img,单击"确定"按钮后将会弹出"#box.
middle1. m1_left img 的 CSS 规则定义"对话框,切换到"方框"选项,设置宽度为 420 px,高度为
320 px,设置外边距 Margin 的 Left 值为 70 px。

说明:在调试效果时不要参考开发环境中的设计视图中的效果,要以浏览器中运行的结
果为准。

STEP 11:在图片 2. png 后面添加段落标签 p 容器,并添加文字信息。在代码区将光标移到
. m1_left 标签容器中的 img 尾标签的外面,单击"插入"面板中的"文本"工具栏中的"段落"按钮,
如图 6-3-18 所示,将段落 p 标签(块状 p 标签独占一行)导入到图片的下面,在 p 标签容器内输入
文字"一盒在手营养美味都有";在设计视图中拖动选中 p 标签内的文字信息,然后将下面"属性"
面板中的"目标规则"值改为"< 新 CSS 规则 >"选项,再单击"编辑规则"按钮,将会弹出"新建
CSS 规则"对话框,在选择器处填写选择器名称 #box. middle1. m1_left p,单击"确定"按钮后将会弹
出 "#box. middle1. m1_left p 的 CSS 规则定义"对话框,在"类型"选项中将 Font-weight 值设置为华
文行楷,Font-size 值为 28 px,Font-weight 值为 bolder,文字颜色 Color 值为 #FFCC00,切换到"区块"
选项,设置 Text-align 的值为 center。

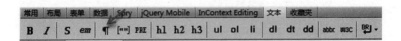

图 6-3-18 "段落"按钮

STEP 12:去掉 . m1_left 标签容器的颜色。在"CSS 样式"面板中找到 . m1_left 选择器,双击
. middle1. m1_left 选择器,如图 6-3-19 所示,将会弹出". middle1. m1_left 的 CSS 规则定义"对话框,在"背
景"选项中将背景颜色值删除,同样的方法找到 . middle1 的选择器,将 . middle1 的背景颜色也删除;
通过 SETP 10、11、12 三个步骤的操作,观察页面在浏览器中运行的部分效果,如图 6-3-20 所示。

图 6-3-19 "CSS 样式"面板

图 6-3-20　STEP 12 效果图

STEP 13：在 . m1_middle 容器中添加 ul li 标签容器，用来存放便当的宣传信息。在代码区将光标移到 . m1_middle 标签中间，然后单击"插入"面板的"文本"工具栏中的 ul 按钮，再切换到设计视图，在项目符号的后面直接输入标题内容，输入完毕后按【Enter】键换行，继续输入下一个子标题内容，直至一个主标题的内容输入完毕为止，再继续插入 ul 标签容器，存放下一个大标题的内容，最后将所有主标题 li 容器（所有 ul 下的第一个 li）单独命名类选择器名称 t1，代码内容如图 6-3-21 所示，部分运行效果如图 6-3-22 所示。

```
<div class="m1_middle">
    <ul>
        <li class="t1">五星服务</li>
        <li>标准化出餐，外卖快配送，风雨无阻</li>
        <li>三分钟出餐，翻台率高，线上线下全套服务</li>
    </ul>
    <ul>
        <li class="t1">营养搭配</li>
        <li>自营工厂料包制作，冷链配送</li>
        <li>荤素用量，遵循营养科学搭配</li>
    </ul>
    <ul>
        <li class="t1">研发能力</li>
        <li>专业的产品研发队伍，产品丰富</li>
        <li>持续不断的推出新品</li>
    </ul>
</div>
```

图 6-3-21　代码内容

图 6-3-22　STEP 13 运行效果图

STEP 14：切换到设计视图，拖动选中标题内容，然后将下面"属性"面板中的"目标规则"值改为"< 新 CSS 规则 >"选项，再单击"编辑规则"按钮，将会弹出"新建 CSS 规则"对话框，在选择器处填写选择器名称 #box. middle1. m1_middle ul. t1，单击"确定"按钮后将会弹出"#box. middle1. m1_middle ul. t1 的 CSS 规则定义"对话框，在"类型"选项中设置 Font-family 为华文隶书，Font-size 为 30 px，Font-weight 为 bold，字体颜色 Color 为 #6F0，设置后的运行效果如图 6-3-23 所示。

图 6-3-23　STEP 14 效果图

STEP 15：统一设置 . m1_middle 容器中的 li 内容。在设计视图中拖动 . m1_middle 容器中的小标题内容，然后将下面"属性"面板中的"目标规则"值改为"< 新 CSS 规则 >"选项，再单击"编辑规则"按钮，将会弹出"新建 CSS 规则"对话框，在选择器处填写选择器名称 #box. middle1. m1_middle ul li，单击"确定"按钮后将会弹出"#box. middle1. m1_middle ul li 的 CSS 规则定义"对话框，在"类型"选项中设置 Font-size 为 30 px，字体颜色 Color 为白色，再切换到"方框"选项，将内边距 Padding 的 Left 值与 Bottom 值都设为 5 px，最后切换到"列表"选项，将 List-style-type 设为 none（去掉项目符号），设置后的运行效果如图 6-3-24 所示。

图 6-3-24　STEP 15 效果图

STEP 16：去掉 . m1_middle 的背景颜色，并添加背景图片。在"CSS 样式"面板中找到 . m1_left 选择器，双击 . middle1 . m1_middle 选择器，如图 6-3-25 所示，将会弹出". middle1 . m1_middle 的 CSS 规则定义"对话框，在"背景"选项中将背景颜色值删除，然后将图片素材 middle_right_bg. png 设置为背景图片，设置后的效果如图 6-3-26 所示。

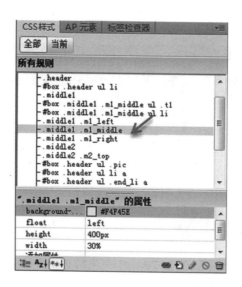

图 6-3-25　双击 . middle1 . m1_middle 选择器

图 6-3-26　STEP 16 效果图

STEP 17：在 . middle1 标签内的 . m1_right 子容器中添加图片素材 people. png。在代码区将光标移到 . m1_right 标签（名为 . m1_right 的 div 标签）的中间，单击"插入"面板的"常用"工具栏中的"图像"按钮，将图片素材 people. png 导入到 . m1_right 容器中；拖动选中图片 people. png，然后将下面"属性"面板中的"目标规则"值改为"< 新 CSS 规则 >"，单击"编辑规则"按钮，将会弹出"新建 CSS 规则"对话框，将选择器处填写选择器名称 #box. middle1 . m1_rightimg，单击"确定"按钮后将会弹出"#box. middle1 . m1_rightimg 的 CSS 规则定义"对话框，切换到"方框"选项，设置外边距 Margin 的 Top 值为 15 px。

STEP 18：去掉 .m1_middle 的背景颜色，并添加背景图片。在"CSS 样式"面板中找到 .m1_left 选择器，双击 .middle1 .m1_right 选择器（参照 STEP16），将会弹出". middle1 .m1_right 的 CSS 规则定义"对话框，在"背景"选项中将背景颜色值删除，然后将图片素材 middle_right_bg.png 设置为背景图片，.middle1 容器中内容与美化操作已经完成，设置后的运行的截图效果如图 6-3-27 所示。

图 6-3-27　STEP 18 部分截图效果

STEP 19：切换到 .m2_top 容器，向其中添加 p 标签（用来存放标题）、dl dtdd 标签容器（用来存放卡通便当的图片、文字信息）。在代码区将光标移到 .m2_top 标签中间，然后单击"插入"面板的"文本"工具栏中的"段落"按钮，如图 6-3-18 所示。

💬 **说明**：建议在代码区直接通过观察标签位置来插入网页元素。

STEP 20：在代码区将光标移到 .m2_top 标签中的 p 容器尾标签的外面，单击"插入"面板的"文本"工具栏中的 dl 按钮，然后在 dl 标签内再添加 dt 标签，如图 6-3-28 所示，在 dt 标签内再导入图片素材 1.jpg，接着将光标移到 dt 尾标签外，再添加 dd 标签，在 dd 标签内添加文字信息"卡通 1 号"。下一步在刚添加的 dd 标签的尾标签处继续添加第二个 dd 标签，在第二个 dd 标签内添加文字信息"定价 18 元"。接着在"定价 18 元"后面按两个空格，然后单击"插入"面板的"表单"工具栏中的"图像域"按钮（"图像域"按钮可以使用自己设计的图片作为按钮），如图 6-3-29 所示，将会弹出一个"标签选择器 -input"对话框，单击"浏览"按钮，导入图片素材 buy.png，如图 6-3-30 所示，单击"确定"按钮后，第一个 dl 容器的内容布局完成。

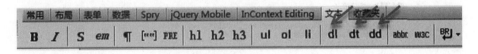

图 6-3-28　dl、dt、dd 按钮

图 6-3-29　"图像域"按钮

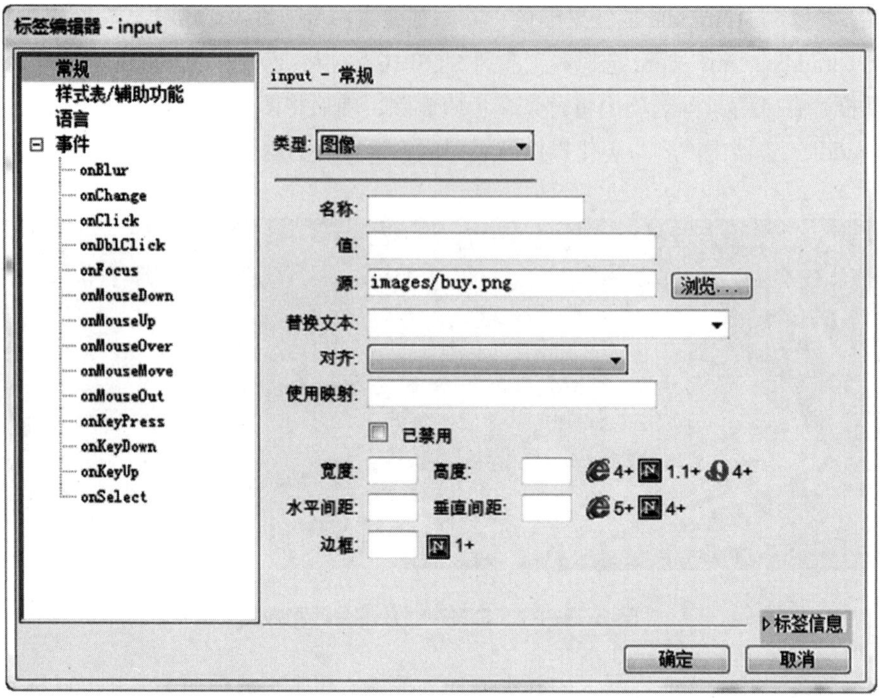

图 6-3-30　"标签编辑器 –input"对话框

STEP 21：重复 STEP 20 的步骤，完善后面三个 dl 容器中的内容。在代码区将光标移到 .m2_top 标签中的 dl 容器尾标签的外面，然后重复 STEP 20 的操作步骤，插入不同的图片素材（分别是 2.jpg、3.jpg、4.jpg）和标题信息，然后为每一个 dl 容器下的第一个 dd 单独命名类选择器名称 t2（为了单独设置样式），具体的代码内容如图 6-3-31 所示，最后在浏览器中运行的效果如图 6-3-32 所示。

```
<div class="m2_top">
    <p>★卡通便当★</p>
    <dl>
        <dt><img src="images/1.jpg" width="250" height="160" /></dt>
        <dd class="t2">卡通1号</dd>
        <dd>定价18元 <input type="image" src="images/buy.png"/></dd>
    </dl>
    <dl>
        <dt><img src="images/2.jpg" width="250" height="160" /></dt>
        <dd class="t2">卡通2号</dd>
        <dd>定价15元 <input type="image" src="images/buy.png"/></dd>
    </dl>
    <dl>
        <dt><img src="images/3.jpg" width="250" height="160" /></dt>
        <dd class="t2">卡通3号</dd>
        <dd>定价15元 <input type="image" src="images/buy.png"/></dd>
    </dl>
    <dl>
        <dt><img src="images/4.jpg" width="250" height="160" /></dt>
        <dd class="t2">招牌卡通</dd>
        <dd>定价22元 <input type="image" src="images/buy.png"/></dd>
    </dl>
</div>
```

图 6-3-31　代码内容

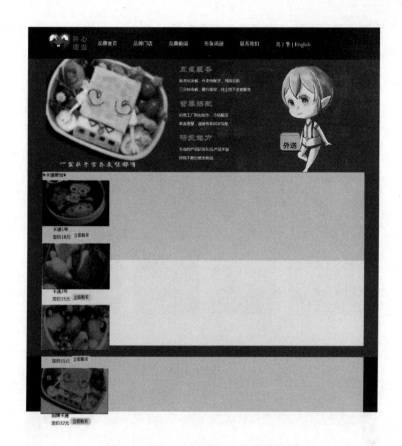

图 6-3-32　STEP 21 运行效果图

STEP 22：调整美化 . m2_top 容器中的内容。切换到设计视图，拖动选中 dl 中的 dd，然后将下面"属性"面板的"目标规则"值改为"< 新 CSS 规则 >"，再单击"编辑规则"按钮，将会弹出"新建 CSS 规则"对话框，在选择器处填写选择器名称 #box. middle2 dl，单击"确定"按钮后将会弹出"#box. middle2 dl 的 CSS 规则定义"对话框，在"类型"选项中设置 Font-family 值为方正舒体，Font-size 为 24 px，Font-weight 值为 bold，字体颜色 Color 为白色，再切换到"背景"选项，将背景颜色 Background-color 值设置为黑色，下一步切换到"区块"选项，将字间距 Letter-spacing 值设为 2 px，然后切换到"方框"选项，设置 Float 值为 left，高度 Height 值为 220 px，将内边距 Padding 值都设为 0 px，外边距 Margin 的 Left 值与 Right 值都设为 22 px，最后切换到"边框"选项，将 Style 的四个值都设为 solid（实线），Width（框线的粗细值）设为 1 px，Color（框线颜色值）设为 #B0163F，单击"确定"按钮后在浏览器中运行的效果如图 6-3-33 所示。

STEP 23：切换到设计视图，拖动选中文字标题"卡通 1 号"，然后将下面"属性"面板的"目标规则"值改为"< 新 CSS 规则 >"，再单击"编辑规则"按钮，将会弹出"新建 CSS 规则"对话框，将选择器处填写选择器名称 #box. middle2dl. t2，单击"确定"按钮后将会弹出"#box. middle2 dl. t2 的 CSS 规则定义"对话框，在"类型"选项，设置字体颜色 Color 值为 #FFCC00。

😃 **说明**：以上的 . m2_top 标签容器中的 dl、p、. t2 选择器都直接写在 . middle2 容器下（如

#box. middle2 dl），为了方便. middle2中的第二个子容器. m2_bottom中的dl、p、t2直接应用此样式，节约代码成本，而且更高效。

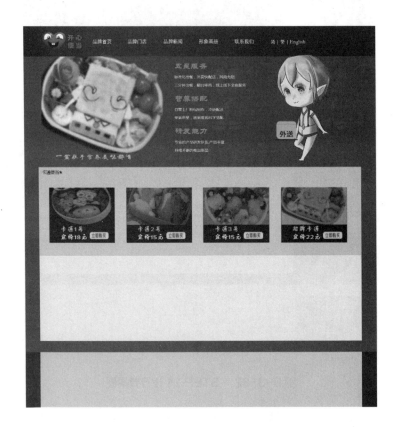

图 6-3-33　STEP 22 效果图

STEP 24：在设计视图，拖动选中 p 标签内的文字标题"★卡通便当★"，然后将下面"属性"面板中的"目标规则"值改为"<新 CSS 规则>"，再单击"编辑规则"按钮，将会弹出"新建 CSS 规则"对话框，将选择器处填写选择器名称 #box. middle2 p，单击"确定"按钮后将会弹出"#box. middle2 p 的 CSS 规则定义"对话框，在"类型"选项中设置 Font-size 值为 24 px，字体颜色 Color 值为 #B0163F，切换到"方框"选项，将内边距 Padding 的 Top 值设为 20 px，其他三个值都为 0 px，设置外边距 Margin 的 Top 值与 Bottom 值都为 0 px，Left 值设为 22 px，单击"确定"按钮后 p 标签内的文字样式设置完成，最后去掉. m2_top 标签容器中的背景颜色，调试后在浏览器中运行的效果如图 6-3-34 所示。

STEP 25：重复 STEP 19 至 SETP 24 的操作步骤，向. m2_bottom 标签容器中添加 p 标签（用来存放标题）、dl dtdd 标签容器（用来存放工作便当的图片、文字信息），并向这些容器中添加与工作便当相关的图片素材和文字信息，代码内容如图 6-3-35 所示，通过调试，最后在浏览器中运行的部分效果如图 6-3-36 所示。

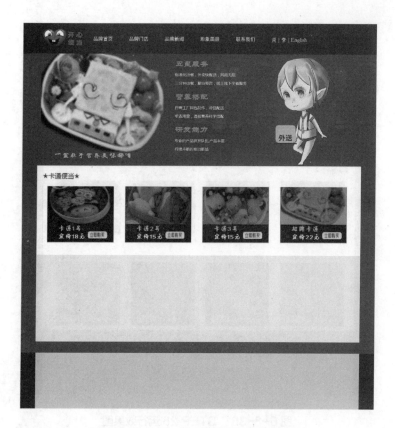

图 6-3-34　STEP 24 运行效果图

```
<div class="m2_buttom">
    <p>★工作便当★</p>
    <dl>
        <dt><img src="images/01.jpg" width="250" height="160" /></dt>
        <dd class="t2">美味1号</dd>
        <dd>定价16元 <input type="image" src="images/buy.png"/></dd>
    </dl>
    <dl>
        <dt><img src="images/02.jpg" width="250" height="160" /></dt>
        <dd  class="t2">美味2号</dd>
        <dd>定价15元 <input type="image" src="images/buy.png"/></dd>
    </dl>
    <dl>
        <dt><img src="images/03.jpg" width="250" height="160" /></dt>
        <dd  class="t2">美味3号</dd>
        <dd>定价15元 <input type="image" src="images/buy.png"/></dd>
    </dl>
    <dl>
        <dt><img src="images/04.jpg" width="250" height="160" /></dt>
        <dd  class="t2">招牌美味</dd>
        <dd>定价20元 <input type="image" src="images/buy.png"/></dd>
    </dl>
</div>
```

图 6-3-35　代码内容

图 6-3-36　STEP 25 运行效果图

STEP 26：设置鼠标悬停在图片上的效果（当鼠标停在图片上时，图片透明度变成 100%，当鼠标悬停在 dl 上时，改变 dd 中文字的颜色）。切换到代码视图，在内嵌样式表中添加如下代码，如图 6-3-37 所示，运行效果如图 6-3-38 所示。

```
<stype  type=text/css>
    ……
.middle2 dl:hover dd{
  color:red;
}  //代码含义：当鼠标悬停在 dl 容器上时，改变 dd 容器中的文字颜色为
红色。
.middle2 img{
  opacity:0.6;
}  //代码含义：设置.middle2 容器中的图片透明度为 0.6。
.middle2 img:hover{
  opacity:1;
}  //代码含义：当鼠标悬停在.middle2 容器中的图片上时，透明度变为 1。
</style>
```

图 6-3-37　样式表的代码内容

★卡通便当★

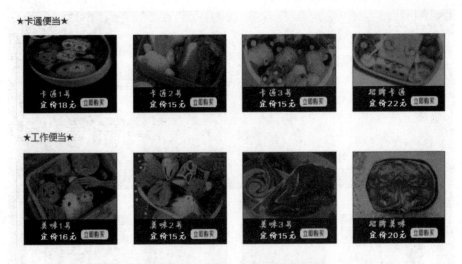

图6-3-38　STEP 26 部分截图效果

STEP 27：切换到 .f_news 容器中，向其中添加 dldd 标签容器（用来存放页面页脚的辅助信息）。在代码区将光标移到 .f_news 标签中间，单击"插入"面板的"文本"工具栏中的 dl 按钮，然后在 dl 标签内再添加 dd 标签，如图6-3-28所示，在 dd 标签内插入超链接 a 容器，在 a 标签内再输入文字信息，接着将光标移到 dd 尾标签外，再添加 dd 标签，在 dd 标签内再插入超链接并添加第二行的标题信息，依此类推，同样的方法将后面两行的信息输入完整，单击"确定"按钮后，第一个 dl 容器的内容布局完成。

STEP 28：重复 STEP 27 中的操作步骤，将后面的三个 dl 容器内的信息填写完成，代码内容如图6-3-39所示，运行在浏览器中的效果如图6-3-40所示。

```html
<div class="footer">
    <div class="f_news">
        <dl>
            <dd><a href="#">|了解我们</a></dd>
            <dd><a href="#">新闻中心</a></dd>
            <dd><a href="#">公益社区</a></dd>
            <dd><a href="#">风险监测</a></dd>
        </dl>
        <dl>
            <dd><a href="#">|合作信息</a></dd>
            <dd><a href="#">全球开店</a></dd>
            <dd><a href="#">我要开店</a></dd>
            <dd><a href="#">合作伙伴</a></dd>
        </dl>
        <dl>
            <dd><a href="#">|支付方式</a></dd>
            <dd><a href="#">支付宝付</a></dd>
            <dd><a href="#">微信支付</a></dd>
            <dd><a href="#">安全提示</a></dd>
        </dl>
        <dl>
            <dd><a href="#">|帮助中心</a></dd>
            <dd><a href="#">订单查询</a></dd>
            <dd><a href="#">退换退款</a></dd>
            <dd><a href="#">在线自助</a></dd>
        </dl>
    </div>
</div>
```

图6-3-39　网页底部模块：代码内容

图 6-3-40　STEP 28 运行效果图

STEP 29：切换到代码视图，拖动选中 . f_news 容器中一对 dd 标签（这样可以直接获取到 dl 标签选择器），然后将下面"属性"面板中的"目标规则"值改为"< 新 CSS 规则 >"，再单击"编辑规则"按钮，将会弹出"新建 CSS 规则"对话框，将选择器处填写选择器名称 #box. footer. f_news dl，单击"确定"按钮后将会弹出 "#box. footer. f_news dl 的 CSS 规则定义"对话框，在"方框"选项中设置 Float 值为 left，外边距 Margin 的 Left 值与 Right 值都设为 80 px。

STEP 30：设置 . f_news 容器中超链接 a 的文字样式。先去掉 . f_news 容器中的背景颜色（突显文字信息），然后切换到代码视图，拖动选中 . f_news 容器中的 a 标签内的文字（包括 a 标签），然后将下面"属性"面板中的"目标规则"值改为"< 新 CSS 规则 >"，再单击"编辑规则"按钮，将会弹出"新建 CSS 规则"对话框，将选择器处填写选择器名称 #box. footer. f_news dl dd a，单击"确定"

按钮后将会弹出"#box. footer. f_news dl dd a 的 CSS 规则定义"对话框,在"类型"选项,设置 Font-size 值为 15 px,Text-decoration 值勾选 none(去掉下画线),字体颜色 Color 值为白色,单击"确定"按钮后运行页面效果,如图 6-3-42 所示。

STEP 31:设置 . f_news 容器中 dd 之间的距离。切换到代码视图,拖动同时选中 . f_news 容器中的四对 dd 标签,然后将下面"属性"面板中的"目标规则"值改为"< 新 CSS 规则 >",再单击"编辑规则"按钮,将会弹出"新建 CSS 规则"对话框,将选择器处填写选择器名称 #box. footer. f_news dl dd,单击"确定"按钮后将会弹出"#box. footer. f_news dl dd 的 CSS 规则定义"对话框,在"方框"选项中设置内边距 Padding 的所有值都为 5 px。

STEP 32:单独设置 . f_news 容器中第一行的文字样式(第一个 dl 容器下的第一个子容器 dd 中的 a 链接)。此时用写代码的方式来表达(这样更简单高效,不用再为 dd 添加类选择器),切换到代码视图,在内嵌样式表中添加如下代码,如图 6-3-41 所示,最终成品效果如图 6-3-1 所示。

```
#box .footer .f_news dl dd:first-child a{
        font-size: 16px;
        font-weight: bolder;
        color: #F90;
        font-family: "黑体";
                }
```

图 6-3-41　代码内容

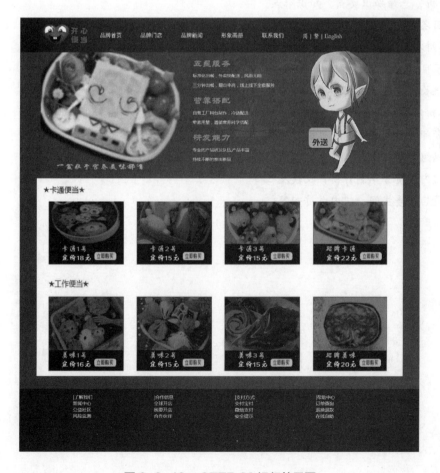

图 6-3-42　STEP 30 运行效果图

代码解析：#box. footer. f_news dl dd：first-child a 表达的意思是 #box. footer. foot_news dl 下的第一个子容器 dd 下的超链接 a，在花括号内的语句就是设置 . f_news 标签容器下 dl 标签下的第一个 dd 下 a 链接的样式。

项目总结

整个综合项目共分三个任务完成，任务 1 主要是掌握如何创建网站、如何导入素材等操作，做好网页制作前的准备工作；任务 2 主要是掌握网页制作中框架的搭建，熟悉 DIV+CSS 的综合使用；任务 3 重点完成网页的美化与设计工作，合理布局网页内容、掌握色彩搭配原理，为后期的动态网页制作奠定良好的基础。

习　题

一、问答题

（1）认真学习课堂上解析的案例步骤，完成"开心便当"网站首页的制作。

（2）分析、总结知识要点、知识难点。

二、项目答辩

（1）答辩准备

　　①项目分组（5人一组），组长分配项目任务。

　　②组长负责设计并制作项目答辩 PPT 内容。

（2）答辩流程

　　①老师当答辩评委，也可请教研主任和其他老师来共同参与点评。

　　②以组为单位上台，并派代表展示项目并演说项目需求及制作流程。

　　③组内成员分享制作项目收获及心得。

　　④最后评委提问，组内成员回答。